AF452184

EXPOSITION

DU

SYSTÈME DES VENTS.

EXPOSITION

DU

SYSTÈME DES VENTS,

PAR M. LARTIGUE,

CAPITAINE DE CORVETTE.

PARIS.

IMPRIMERIE ROYALE.

M DCCC XL.

RAPPORT

FAIT

A L'ACADÉMIE ROYALE DES SCIENCES

PAR M. DE FREYCINET[1]

« MM. Beautemps-Beaupré, Savary et moi, nous avons été chargés par l'Académie de l'examen d'un ouvrage de M. Lartigue, capitaine de corvette, relatif à une *exposition d'un nouveau système des vents, en deçà du 60ᵉ parallèle*. Nous nous sommes déjà longuement occupés de ce travail ; mais, pour le continuer avec tous les soins que son importance exige, il nous resterait encore beaucoup de faits à examiner et à coordonner.

« L'auteur nous a paru avoir réuni et discuté tout ce que, dans les limites annoncées, les navigateurs les plus habiles ont publié de leurs observations et de leurs journaux. La discussion d'une telle masse de faits est immense, surtout lorsqu'on veut en conclure la *théorie nouvelle* dont les principes eux-mêmes ont besoin d'être vérifiés et confrontés à l'expérience.

« Nous nous occupions de la suite de ce travail, lorsque cet officier nous a fait connaître que l'exigence de son service l'obligeait de reprendre prochainement la mer, et qu'il serait satisfait d'apprendre, dès ce moment, l'opinion que l'Académie s'était faite de son ouvrage.

« Désirant concilier les vœux de M. Lartigue avec la tâche laborieuse que nous avons entreprise, nous sommes heureux de pouvoir annoncer, dès ce moment, que l'ouvrage de cet officier est d'une haute portée ; que ce que nous en avons vu déjà est la base de tout système, et que ce travail est devenu, pour nous,

---

[1] Commissaires, MM. Beautemps-Beaupré, Savary ; de Freycinet, rapporteur.

le gage de la sagacité et de l'instruction de l'auteur. Nous proposons, en conséquence, à l'Académie de remercier M. Lartigue de la communication qu'il a faite, et de l'engager à compléter sa théorie, en l'étendant, autant que possible, aux mers polaires; cet ouvrage pourra devenir ainsi, plus tard, l'objet d'un rapport plus important et plus complet.

Les conclusions de ce rapport sont adoptées.

INTRODUCTION.

La nature agit toujours par des procédés simples, et les moyens qu'elle emploie ne nous paraissent compliqués que lorsque, faute d'en bien saisir l'ensemble, nous cherchons des causes diverses à des effets qui n'émanent cependant que d'une même source.

LA COUDRAYE. — *Théorie des vents.*

Les savants cherchent depuis longtemps à déterminer la cause générale des vents qui règnent dans les diverses parties du globe ; quelques théories même ont été établies. Toutes celles que nous connaissons se fondent sur un même principe de physique[1], sur des faits isolés, et sur l'hypothèse qu'il existe, dans les couches supérieures de l'atmosphère, des contre-courants qui se dirigent de l'équateur vers les pôles, pour y remplacer l'air qui, des pôles, se porte vers l'équateur.

Ces théories, qui diffèrent très-peu les unes des au-

---

[1] Ce principe, qui est exposé à la page 1re de notre ouvrage, forme une des bases de notre système.

tres, n'expliquent pas d'une manière satisfaisante les divers phénomènes observés chaque jour par les navigateurs; et, comme nous nous sommes aperçu, dans nos premières campagnes, que les faits sur lesquels elles avaient été établies n'étaient pas rigoureusement exacts, nous avons, dans l'intérêt de la science et de la navigation, observé quels étaient les vents dominants dans tous les pays que nous avons parcourus, et examiné surtout avec le plus grand soin si les variations continuelles qu'ils éprouvent étaient sujettes à quelques lois.

Les résultats que nous avons obtenus nous donnent aujourd'hui les moyens de présenter, sur cette matière, un travail entièrement nouveau.

L'ensemble de ce travail forme un système dont la base repose sur un principe de physique admis par tous les auteurs qui ont donné des théories, ainsi que par tous les savants, et sur des faits observés par nous-même, et confirmés d'ailleurs par les journaux et les tables de loch d'un grand nombre de navigateurs.

Afin de faire apercevoir la relation qui existe entre les vents qui soufflent, à la même époque, dans les diverses parties du globe, nous avons émis des opinions qui d'abord pourront paraître un peu trop hasardées ; mais nous pensons qu'après avoir étudié notre système on trouvera qu'elles sont le résultat de l'ensemble des faits.

Par exemple, lorsque nous aurons parlé des vents qui règnent sur les côtes orientales et occidentales de l'Amérique méridionale [1], et que nous aurons comparé entre eux les divers phénomènes observés sur chacune

---

[1] Voir la note A, à la fin.

de ces côtes, le résultat démontrera que les vents polaires, qui se forment sur les côtes occidentales, parviennent sur les côtes orientales en passant au-dessus des Cordilières, et que les vents alisés du sud, qui soufflent au large des côtes du Brésil, parviennent sur celles du Pérou en passant aussi au-dessus de ces mêmes montagnes.

De ces observations nous avons cru pouvoir induire que les vents polaires et les vents alisés entraînaient l'atmosphère jusques à une très-grande élévation, et que les contre-courants, qui ont été observés à diverses hauteurs sur les montagnes, n'occupaient qu'un espace peu considérable, tandis que les vents polaires et les vents alisés suivaient leur cours naturel, à une certaine distance au-dessus de ces mêmes montagnes. Nous citerons quelques observations qui viendront à l'appui de ce fait.

Notre ouvrage sur la théorie des vents sera divisé en trois parties : la première, que nous présentons aujourd'hui, contient *l'exposition de notre système dans les mers libres.* Nous nous occuperons plus tard des deuxième et troisième parties, qui contiendront, d'une manière spéciale, l'application de nos principes aux vents qui soufflent sur les continents et sur les parties de mer situées près des côtes.

Comme il existe une analogie parfaite entre les vents qui règnent dans les deux hémisphères, et que les vents y varient de la même manière, nous avons mis en regard les observations faites dans chaque hémisphère, afin de faciliter les explications, et de donner les moyens de saisir plus facilement l'ensemble du système.

L'ouvrage est accompagné de deux cartes, sur lesquelles nous avons tracé des flèches indiquant la direction des principaux courants d'air, dans la supposition où ils suivraient toujours une marche régulière. Nous expliquons d'après quelles données ces directions ont été tracées ; mais, pour bien comprendre les explications, il convient auparavant d'étudier avec soin la théorie que nous avons adoptée.

Nous ne parlerons, dans cette première partie, que des vents dont les variations sont sujettes à une loi déterminée, et entre lesquels il existe une relation. Nous devons ajouter que notre système ne s'applique qu'aux parties du globe situées par des latitudes au-dessous de 60°.

Il a été fait trop peu d'observations par des latitudes plus élevées pour pouvoir en tirer des conclusions positives ; nous devons dire cependant que les renseignements qui nous ont été fournis par M. Favre, capitaine de *la Recherche*, semblent annoncer que les variations que les vents éprouvent, dans les mers du nord et dans la mer Glaciale, paraissent, dans quelques circonstances, être sujettes à une certaine règle, laquelle ne paraît avoir aucun rapport avec celle que suivent les variations par les latitudes au-dessous de 60° [1].

Les rumbs de vent que nous indiquons dans cet

---

[1] Extrait de la note du capitaine Fabre :

« Les vents n'ont pas de marche régulière, et ne suivent pas, comme « dans nos climats, le mouvement de gauche à droite. Il n'est pas rare « de les voir passer du N. E. au N. O. sans qu'il y ait un instant de « calme, et surtout du S. O. au S. E., pour ensuite revenir au S. O. « Cependant il est à remarquer que les changements sont ordinairement « précédés de quelques instants de calme plat. Alors il est difficile de « prévoir de quel côté viendra la brise. »

ouvrage sont corrigés de la déclinaison de l'aiguille ai-
mantée. Nous devons cependant prévenir que ces
rumbs de vent ne sont qu'approximatifs, principalement dans la zone tempérée, et que leur exactitude
est d'autant moindre qu'ils sont plus éloignés de l'é-
quateur.

EXPOSITION

DU SYSTÈME

DES VENTS.

CHAPITRE PREMIER.

DÉFINITION DES VENTS, FORMATION DES VENTS RÉGULIERS.

Principe de physique servant de base au système.

Le vent est un courant d'air ou une partie de notre atmosphère mise en mouvement par quelque altération dans son équilibre.

Les températures inégales auxquelles sont constamment soumises les diverses parties de l'atmosphère raréfient chacune de ces parties d'une manière différente. Quand l'air est échauffé, sa pesanteur diminue et il tend à s'élever, tandis que l'air froid, qui est moins raréfié, détermine, en venant prendre sa place pour rétablir l'équilibre, un courant d'air que l'on nomme vent.

Le soleil est la cause première de ces raréfactions inégales. Comme il se meut entre les tropiques, il y raréfie, par sa chaleur, les colonnes d'air, et les élève au-dessus de leur véritable niveau; elles doivent donc retomber par leur poids et prendre diverses directions dans la partie supérieure de l'atmosphère; mais il doit survenir, en même temps, dans la partie inférieure, un nouvel air frais qui, arrivant des climats situés vers les pôles, remplace celui qui a été ra-

(8)

réfié entre les tropiques. Il s'établit ainsi, à la surface de la terre et dans chaque hémisphère, des courants qui, des pôles, se dirigent vers l'équateur.

Ces courants qu'on appelle vents [1] *polaires* [2], mais qui peu-

[1] Voir la note B, à la fin. — Les auteurs qui ont écrit sur les vents ont donné le nom de *polaires* à ceux qui des pôles se dirigent vers l'équateur. Nous avons adopté cette dénomination, mais nous ne donnerons pas tout à fait à ce mot la même signification que celle que ces auteurs paraissent lui donner.

Nous entendons par vents polaires tous ceux qui soufflent du N. O. au N. E. dans l'hémisphère boréal, et du S. O. au S. E. dans l'hémisphère austral, lorsqu'ils parviennent dans la zone torride.

HÉMISPHÈRE BORÉAL.

Il paraîtrait que les vents de N. O., qui soufflent dans les latitudes élevées, rencontrent souvent, dans les zones tempérées, les vents du S. O. à l'O., qui leur font prendre une direction telle, qu'on cesse de les considérer comme vents polaires, mais que ces vents gagnent succesivement dans le S., en combattant les vents du S. O. à l'O., et reprennent la direction du N. O. par une latitude plus ou moins élevée.

C'est alors seulement que ces vents de N. O. suivent des directions régulières, pour former ensuite les vents alisés; c'est à ce point que nous commençons à les considérer, par rapport aux vents dont nous parlons dans cet ouvrage, où nous ne traitons que de ceux dont les variations sont assujetties à une loi quelconque, et entre lesquels il existe quelque relation, et non des vents extrêmement variables qui soufflent plus près des pôles.

Nous leur donnons le nom de vents polaires parce qu'ils peuvent être considérés comme la continuation des vents de N. O., qui soufflent dans les latitudes élevées, mais qui ont éprouvé de grandes variations dans leur direction primitive, et qui la reprennent dès que les causes qui l'avaient altérée viennent à cesser.

HÉMISPHÈRE AUSTRAL.

Il paraîtrait que les vents de S. O., qui soufflent dans les latitudes élevées, rencontrent souvent, dans les zones tempérées, les vents du N. O. à l'O., qui leur font prendre une direction telle, qu'on cesse de les considérer comme vents polaires, mais que ces vents gagnent successivement dans le N., en combattant les vents du N. O. à l'O., et reprennent la direction du S. O. par une latitude plus ou moins élevée.

C'est alors seulement que ces vents de S. O. suivent des directions régulières, pour former ensuite les vents alisés; c'est à ce point que nous plaçons leur origine; mais seulement par rapport aux vents dont nous parlons dans cet ouvrage, où nous ne traitons que de ceux dont les variations sont assujetties à une loi quelconque, et entre lesquels il existe quelque relation, et non des vents extrêmement variables qui soufflent plus près des pôles.

Nous leur donnons le nom de vents polaires parce qu'ils peuvent être considérés comme la continuation des vents de S. O. qui soufflent dans les latitudes élevées, mais qui ont éprouvé de grandes variations dans leur direction primitive, et qui la reprennent dès que les causes qui l'avaient altérée viennent à cesser.

vent aussi être appelés vents *naturels* ou *primitifs*, soufflent,

<table>
<tr><td>

DANS L'HÉMISPHÈRE BORÉAL :

Du N. O. au N., dans la
zone tempérée de l'hémis-
phère boréal, inclinent vers
l'ouest, à mesure qu'ils ap-
prochent de la zone torride,
où ils prennent la direction
du N. E. à l'E., et forment
ce que l'on appelle les vents
alisés[1].

</td><td>

DANS L'HÉMISPHÈRE AUSTRAL :

Du S. O. au S., dans la
zone tempérée de l'hémis-
phère austral, inclinent vers
l'ouest à mesure qu'ils ap-
prochent de la zone torride,
où ils prennent la direction
du S. E. à l'E., et forment
ce que l'on appelle les vents
alisés[1].

</td></tr>
</table>

Les vents polaires et les vents alisés paraissent être les
seuls vents naturels; car, là où ils règnent, le temps est
beau, l'air pur et le ciel sans nuages, et lorsqu'ils cessent,
le ciel se couvre; bientôt après tombe une pluie d'autant
plus abondante que l'on est plus près de l'équateur. Alors
le cours naturel de l'air est troublé; car il est à remarquer
que, dans les pays où les vents polaires et alisés ne règnent
pas ou cessent momentanément, on est sujet à des coups
de vent et à des ouragans, et que c'est toujours par une
réaction, souvent violente, que les vents polaires se réta-
blissent. Leur vitesse et leur intensité, qui dépendent de
la position du soleil, paraissent même avoir des limites :
s'ils sont plus ou moins forts que la saison ne le comporte,
le ciel devient nuageux et quelquefois la pluie les accom-
pagne.

Les vents polaires n'occupent qu'un certain espace, mais
ils règnent en même temps dans plusieurs endroits. Il existe,

---

[1] Cette dénomination a été donnée aux vents qui, entre les tropiques,
soufflent de l'E. à l'O. Elle est connue de tous les savants et de tous les navigateurs. Les vents polaires et les vents alisés pouvant être considérés comme
l'origine de tous les autres vents, nous les avons appelés aussi vents *primitifs*.

dans l'intervalle qui les sépare, d'autres courants d'air qui, des tropiques, se dirigent vers les pôles. Ces courants, que nous nommerons vents *tropicaux* ou vents *secondaires*[1], suivent des directions telles, qu'ils forment avec les vents polaires et les vents alisés des courants circulaires d'une étendue plus ou moins considérable.

Les vents alisés soufflent dans la plus grande partie de la zone torride et ne forment qu'un courant d'air dans chaque hémisphère. Nous donnerons le nom de vents *alisés du nord* à ceux qui règnent dans l'hémisphère boréal, et nous désignerons par le nom de vents *alisés du sud* ceux de l'hémisphère austral.

Les vents alisés du nord et les vents alisés du sud ne parviennent à l'équateur que dans les mers libres. Ils sont séparés, à l'O. des continents, par d'autres vents, que l'on nomme vents *variables de la zone torride*[2]. L'étendue en longueur et en largeur qu'occupent ces derniers, de même que leur direction et leur vitesse, dépendent entièrement de la force et de la direction des vents alisés de l'un et de l'autre hémisphère.

Les vents polaires, alisés, tropicaux, et les vents va-

[1] Nous avons adopté le nom de *tropicaux* pour désigner les vents qui, des tropiques, se dirigent vers les pôles.

Nous avons aussi appelé ces vents *secondaires*, parce qu'ils paraissent dériver des vents *naturels* ou *primitifs*.

[2] Nous avons donné le nom de *vents variables de la zone torride* à tous les vents en général, qui soufflent à l'O. des continents, entre les vents alisés et les vents généraux.

Les navigateurs donnent le nom de *mousson de S. O.* aux vents de cette direction qui dominent au N. de l'équateur, dans les mers de l'Inde, pendant l'été d'Europe, et celui de *mousson de N. O.* aux vents de cette direction qui dominent au S. de l'équateur, dans les mêmes mers, pendant l'hiver d'Europe. Nous n'avons pas adopté ces dénominations, parce que le sens attaché au mot *mousson* n'est pas applicable à ce qui a lieu à l'O. des côtes d'Afrique et d'Amérique, ainsi que dans d'autres localités où ces mêmes vents de S. O. soufflent pendant une partie de l'année.

Nous avons aussi nommé ces vents, ainsi que les vents tropicaux, vents *secondaires*, parce que, comme ces derniers, ils paraissent dériver des vents naturels ou primitifs.

riables de la zone torride, sont les seuls vents *réguliers*[1] qui règnent sur la surface du globe. Nous allons expliquer d'abord la manière dont ils se forment, comme si rien n'en troublait la régularité; puis, nous ferons voir les variations qu'ils éprouvent dans leur force et leur direction, soit à cause des localités, soit à cause des saisons.

Formation des vents polaires, des vents tropicaux et des vents alisés.

HÉMISPHÈRE BORÉAL.

A la suite des calmes, qui ont quelquefois plusieurs jours de durée dans la zone tempérée de l'hémisphère boréal, la première brise qui s'élève vient, la plupart du temps, du S. au S. S. E.; faible d'abord, elle fraîchit progressivement. Si le temps se couvre, le vent continue à prendre de la force, et, à mesure qu'il fraîchit il se rapproche du S. O. Aussitôt qu'il a dépassé le S. S. O, la pluie commence à tomber, le temps devient un peu brumeux. Les vents de S. O. soufflent souvent pendant plusieurs jours de suite, mais ils finissent, le plus ordinairement, par sauter à l'O. N. O., dans des

HÉMISPHÈRE AUSTRAL.

Si le temps se couvre pendant les calmes, qui sont ordinairement de peu de durée dans la zone tempérée de l'hémisphère austral, la première brise qui s'élève vient, la plupart du temps, du N. au N. N. E.; faible d'abord, elle fraîchit progressivement; la pluie commence à tomber, le temps devient brumeux, principalement près des terres. Le vent continue à prendre de la force, et, à mesure qu'il fraîchit, il passe au N. N. O. et au N. O. Si, lorsqu'il souffle du N. O., la pluie diminue, il ne tarde pas ordinairement à sauter à l'O. S. O., dans des grains[2] quelquefois très-violents, qui se

---

[1] Tous les vents variant plus ou moins, nous avons nommé vents *réguliers* tous ceux dont les variations suivent une certaine loi, et entre lesquels il paraît exister une relation quelconque.

[2] Voir la note I, p. 12.

grains [1], quelquefois très-violents, qui se succèdent ensuite rapidement ; c'est alors que le vent a le plus de force. Toutes les fois que ces vents d'O. N. O. et à grains ont acquis une certaine durée, en conservant toujours de la force, ils finissent par venir au N. O. ; alors le temps s'embellit.

Les vents du S. S. E. au S. O. sont ceux que nous nommons vents tropicaux ou secondaires.

Les vents de N. O. sont les vents polaires ou naturels. Ils se rapprochent du N. et du N.-E., en s'avançant vers la zone torride. Lorsqu'ils sont modérés, ils soufflent déjà de la partie du N. E., sur le parallèle de 27° à 28° ; c'est alors seulement qu'on leur donne le nom de vents alisés du nord ; mais, lorsqu'ils sont dans leur plus grande force, ils ne prennent cette direction qu'entre 18° et 20° de latitude, et quelquefois même ils ne l'atteignent que par 16°.

succèdent ensuite rapidement ; c'est alors que le vent a le plus de force. Toutes les fois que ces vents d'O. S. O. et à grains ont acquis une certaine durée, ils finissent par venir au S. O. ; alors le temps s'embellit.

Les vents du N. N. E. au N. O. sont ceux que nous nommons vents tropicaux ou secondaires.

Les vents de S. O. sont les vents polaires ou naturels. Ils se rapprochent du S. et du S. E., à mesure qu'ils avancent vers la zone torride. Lorsqu'ils sont modérés, ils soufflent déjà de la partie du S. E., sur le parallèle de 27° à 28° ; c'est alors seulement qu'on leur donne le nom de vents alisés du S. ; mais, lorsqu'ils sont dans leur plus grande force, ils ne prennent cette direction qu'entre 18° et 20° de latitude, et quelquefois même ils ne l'atteignent que par 16°.

---

[1] Les marins désignent par le nom de *grain* tout changement brusque, soit dans l'état de l'atmosphère, soit dans la force ou la direction du vent, quand ce changement est annoncé par des nuages qui se forment à l'horizon, ou bien lorsque les nuages étant une fois formés ils deviennent plus intenses.

Ces limites sont celles qui ont été observées dans les mers libres ; car, près des côtes, les vents deviennent beaucoup plus tôt N. E.; on les trouve souvent, pendant l'été et même en hiver, par 40° de latitude, au large des côtes de Portugal.

Il est à remarquer que la limite S. des vents alisés du N. se rapproche ou s'éloigne de l'équateur, en même temps que la limite N., mais peut-être pas de la même quantité.

Les vents polaires sont dans leur plus grande force depuis le mois d'octobre jusqu'à celui d'avril; ils sont généralement modérés depuis avril jusqu'en octobre. Il arrive cependant quelquefois qu'ils sont modérés pendant la première saison, et qu'ils prennent une grande intensité pendant la seconde; mais ce dernier cas est plus rare que le premier.

Ces limites sont celles qui ont été observées dans les mers libres ; car, près des côtes, les vents deviennent beaucoup plus tôt S. E.; on les trouve souvent, pendant l'été et quelquefois en hiver, par 36 et 40° de latitude, sur les côtes du Chili, de la Nouvelle-Hollande et aux environs du cap de Bonne-Espérance.

Il est à remarquer que la limite N. des vents alisés du S. se rapproche ou s'éloigne de l'équateur en même temps que la limite S., mais peut-être pas de la même quantité.

Les vent polaires sont généralement modérés depuis le mois d'octobre jusqu'à celui d'avril; ils sont, au contraire, dans leur plus grande force depuis avril jusqu'en octobre. Il arrive cependant quelquefois qu'ils acquièrent une grande intensité pendant la première saison, et qu'ils sont modérés pendant la seconde; mais le premier cas est plus rare que le second.

Les vents polaires ne se forment pas toujours de la manière que nous venons d'indiquer : il arrive assez souvent.

dans la belle saison, que ces vents s'élèvent spontanément à la suite des calmes. Ceci s'observe particulièrement près de la zone torride.

HÉMISPHÈRE BORÉAL.	HÉMISPHÈRE AUSTRAL
Les vents de N., O. qui forment les vents alisés du N., ne commencent pas toujours à prendre des directions régulières à partir des pôles; ils ne les prennent souvent que dans les zones tempérées et quelquefois même près du tropique.	Les vents de S. O., qui forment les vents alisés du S., ne commencent pas toujours à prendre des directions régulières à partir des pôles; ils ne les prennent souvent que dans les zones tempérées et quelquefois même près du tropique.

Il semblerait que la différence d'intensité de ces vents, pendant une même saison, provient du plus ou moins d'obstacles qu'ils rencontrent en traversant les zones tempérées où les vents de la partie de l'O. soufflent souvent. Les plus intenses doivent être ceux qui, commençant près des pôles, parviennent dans la zone torride sans éprouver d'altération. Ils doivent le devenir d'autant moins que ces obstacles sont plus considérables et que le parallèle sur lequel ils reprennent leur direction primitive est plus rapproché de l'équateur.

HÉMISPHÈRE BORÉAL.	HÉMISPHÈRE AUSTRAL.
Lorsque les vents alisés du N., soufflant de l'E. N. E. à l'E., se rapprochent du N. et augmentent d'intensité, c'est un indice qu'un courant d'air polaire s'est établi dans le N. ou le N. E. de l'endroit où ces variations ont lieu.	Lorsque les vents alisés du S., soufflant de l'E. S. E. à l'E., se rapprochent du S. et augmentent d'intensité, c'est un indice qu'un courant d'air polaire s'est établi dans le S. ou le S. E. de l'endroit où ces variations ont lieu.

Les vents polaires, dans les latitudes un peu élevées de la zone tempérée, soufflent généralement entre le N. et le N. O.; mais entre les côtes d'Europe et celles d'Amérique ils deviennent N. E., souvent même ils passent à l'E. et à l'E. N. E.; et, lorsqu'au large des côtes ils soufflent de l'E. S. E. ou du S. E., le calme ne tarde pas à leur succéder, ou bien ils viennent au S. S. E. et au S. pour recommencer à varier, comme nous l'avons observé plus haut.

Les vents du N. O. au N., mais plus particulièrement ceux du N. à l'E. sont, en général, accompagnés d'un très-beau temps.

Les vents d'E. à l'E. N. E. ne se forment pas toujours sur les côtes de France, ainsi que nous venons de l'indiquer. Quelquefois, en hiver, les vents de S., qui s'élèvent à la suite des calmes, passent à l'E. et au N. E., en soufflant successivement dans les directions intermédiaires.

Les vents polaires, dans les latitudes un peu élevées de la zone tempérée, soufflent généralement entre le S. et le S. O.; rarement ils viennent au S. S. E., à moins qu'on ne soit près de terre. Après quelques jours de durée, les vents polaires faiblissent et le calme ne tarde pas à leur succéder. La première brise s'élève ensuite du N. au N. N. E. pour recommencer à varier, comme nous l'avons observé plus haut.

Les vents du S. O. au S. S. E. amènent le beau temps; les vents d'E., qui paraissent n'être qu'accidentels dans la zone tempérée de l'hémisphère austral, sont toujours accompagnés de mauvais temps.

Les vents d'est soufflent quelquefois près de terre, sur

les côtes N. O. d'Amérique; mais il semblerait, en ne s'en rapportant qu'au petit nombre de renseignements que nous avons, qu'ils ne sont qu'accidentels, dans presque toute la partie du grand Océan septentrional située entre le tropique du Cancer et les îles Aleutiennes. La configuration des terres d'Europe et de la partie septentrionale d'Amérique paraît être la cause principale de ces vents, qui sont très-rares dans la zone tempérée de l'hémisphère austral.

HÉMISPHÈRE BORÉAL.

Si les vents faiblissent après avoir sauté du S. O. à l'O. N. O., et qu'en même temps la pluie tombe avec abondance, ils reviennent à l'O. S. O. en soufflant dans les directions intermédiaires. Ces vents de l'O. S. O., après quelque temps de durée, sautent de nouveau à l'O. N. O. pour revenir encore à l'O. S. O., en suivant la marche que nous venons d'indiquer. La durée de ces vents est l'époque du mauvais temps, surtout en hiver; et, si dans ces oscillations ils se rapprochent plus du N. ou du S. que l'O. N. O. et l'O. S. O., ils acquièrent souvent la violence de tempêtes.

HÉMISPHÈRE AUSTRAL.

Si les vents faiblissent après avoir sauté du N. O. à l'O. S. O., et qu'en même temps la pluie tombe avec abondance, ils reviennent à l'O. N. O. en soufflant dans les directions intermédiaires. Ces vents de l'O. N. O.. après quelque temps de durée, sautent de nouveau à l'O. S. O. pour revenir encore à l'O. N. O., en suivant la marche que nous venons d'indiquer. La durée de ces vents est l'époque du mauvais temps, surtout en hiver; et, si dans ces oscillations leur direction se rapproche plus du N. ou du S. que l'O. N. O. et l'O. S. O., ils acquièrent souvent la violence de tempêtes.

Les directions indiquées pour les vents des zones tempérées ne sont qu'approximatives.

HÉMISPHÈRE BORÉAL.

Il est nécessaire de prévenir que les directions des vents que nous venons d'indiquer ne sont qu'approximatives; car, par exemple, près de la zone glaciale, les vents polaires soufflent du N. O., et les vents tropicaux viennent jusqu'à l'O. S. O. et l'O.; mais, à mesure que l'on avance vers l'équateur, les vents polaires se rapprochent du N., en même temps que les vents tropicaux se rapprochent du S. De plus, lorsque les vents polaires se forment, les vents, au lieu de sauter du S. O. à l'O. N. O., sautent souvent de l'O. 1/4 S. O. à l'O. 1/4 N. O. du côté des pôles, et du S. O. au N. près des tropiques.

Nous avons dit que les vents tropicaux soufflaient du S. au S. S. E., lorsqu'ils commençaient à se former dans la zone tempérée de l'hémisphère boréal. Il faut ajouter

HÉMISPHÈRE AUSTRAL.

Il est nécessaire de prévenir que les directions des vents que nous venons d'indiquer ne sont qu'approximatives; car, par exemple, les vents polaires soufflent, en approchant de la zone glaciale, de la partie du S. O., et les vents tropicaux viennent jusqu'à l'O. N. O. et l'O.; mais, à mesure que l'on avance vers l'équateur, les vents polaires se rapprochent du S. en même temps que les vents tropicaux se rapprochent du N. De plus, lorsque les vents polaires se forment, les vents, au lieu de sauter du N. O. à l'O. S. O., sautent souvent de l'O. 1/4 N. O. à l'O. 1/4 S. O., du côté des pôles, et du N. O. au S., près des tropiques.

Nous avons dit que les vents tropicaux soufflaient du N. au N. N. E., lorsqu'ils commençaient à se former dans la zone tempérée de l'hémisphère austral. Il faut ajouter que cette direction est celle qu'ils prennent à peu près au milieu de cette zone, et qu'elle se rapproche d'autant plus de l'E. S. E. que l'on est plus près de la limite des vents alisés du N.; tandis qu'au contraire elle se rapproche d'autant plus de l'O. que l'on est plus loin de cette même limite.

que cette direction est celle qu'ils prennent à peu près au milieu de cette zone, et qu'elle se rapproche d'autant plus de l'E. N. E. que l'on est plus près de la limite des vents alisés du S.; tandis qu'au contraire elle se rapproche d'autant plus de l'O. que l'on est plus loin de cette même limite.

Vents réguliers qui amènent le beau temps.

Nous avons indiqué comment se formaient les courants d'air polaires, et nous avons dit que les vents sautaient, dans un grain quelquefois violent, à l'O. N. O. ou à l'O. S. O., suivant l'hémisphère. Il est nécessaire d'ajouter que ces grains diminuent d'intensité à mesure qu'on approche de la zone torride, ou bien de la limite des vents alisés et des vents généraux. Du reste, la règle doit être établie de la manière suivante :

Les grains seront d'autant plus violents que les vents tropicaux seront plus forts, et d'autant plus légers que ces vents seront plus faibles.

Nous placerons ici une observation indispensable pour l'explication de diverses circonstances atmosphériques.

HÉMISPHÈRE BORÉAL.

Lorsque les vents sautent, soit du S. O. à l'O. N. O., soit du S. O. au N., pour former les vents polaires, le temps reste à grains pendant quelque temps, et ce n'est que

HÉMISPHÈRE AUSTRAL.

Lorsque les vents sautent, soit du N. O. à l'O. S. O., soit du N. O. au S., pour former les vents polaires, le temps reste à grains pendant quelque temps, et ce n'est que lorsqu'ils se rapprochent du N., dans le premier cas, et du N. E. dans le second, que le temps s'embellit.

Nous avons dit que les vents polaires, lorsqu'ils souf-flaient du N. O. au N. E.[1], amenaient le beau temps; mais cela n'a lieu que dans le N. du parallèle de 36°, car, pour produire le même effet, il faut qu'ils soufflent :

Du N. à l'E., entre ce pa-rallèle et le tropique;

Du N. E. à l'E., entre le tropique et le parallèle de 18°;

Enfin, de l'E. N. E. à l'E., au S. de ce dernier parallèle.

lorsqu'ils se rapprochent du S., dans le premier cas, et du S. E. dans le second, que le temps s'embellit.

Nous avons dit que les vents polaires, lorsqu'ils souf-flaient du S. O. au S. S. E., amenaient le beau temps; mais cela n'a lieu que dans le S. du parallèle de 36°, car, pour produire le même effet, il faut qu'ils soufflent :

Du S. au S. E., entre ce parallèle et le tropique;

Du S. E. à l'E., entre le tropique et le parallèle de 18°;

Enfin, de l'E. S. E. à l'E., au N. de ce dernier parallèle.

Cette règle est assez exacte pour les lieux situés dans la zone torride. Elle le devient d'autant moins que les lieux sont situés plus près du pôle.

Nous devons ajouter que les diverses variations que les vents éprouvent sont d'autant plus régulières que l'on est plus près de la zone torride; elles le deviennent d'autant moins que l'on s'en éloigne, de telle sorte qu'on cesse de les observer sur le parallèle de 60°. Il est vrai de dire qu'au delà de ce parallèle il a été fait peu d'observations, et que l'on n'a que des renseignements peu certains sur les vents qui règnent dans cette partie du globe.

Il est aussi à remarquer que ces variations sont beaucoup

---

[1] Nous ne considérons pas comme vents polaires ceux de l'E. N. E. à l'E., qui soufflent assez souvent dans la zone tempérée, entre l'Europe et l'Amé-rique septentrionale.

plus régulières dans l'hémisphère austral que dans l'hémisphère boréal.

Maintenant que nous avons indiqué comment se forment les vents polaires dans les zones tempérées, nous allons les suivre jusque dans la zone torride, où ils forment les vents alisés.

Formation et disparition des nuages dans les zones tempérées.

Nous avons dit qu'ayant raréfié, par sa chaleur, la colonne d'air entre les tropiques, le soleil les élève au-dessus de leur véritable niveau; qu'elles doivent retomber par leur poids, et prendre diverses directions dans la partie supérieure de l'atmosphère, et qu'en même temps il doit survenir, dans la partie inférieure, un nouvel air frais qui remplace l'air raréfié entre les tropiques. Les vents polaires commencent donc à souffler dans la partie inférieure de l'atmosphère.

Les couches supérieures de l'air, qui, dans l'origine, se portaient dans diverses directions, forment des nuages qui indiquent ces directions, lesquelles varient,

DANS L'HÉMISPHÈRE BORÉAL :

Du S. O. à l'O. N. O., à la limite N. des vents alisés du N.; mais ces nuages ne tardent pas à disparaître : après quelque durée, les vents polaires semblent entraîner toute l'atmosphère dans leur mouvement; du moins le ciel est clair, et rien n'indique alors qu'il existe, dans les couches supérieures de l'atmosphère, un courant d'air différent de celui qui existe dans les couches inférieures.

DANS L'HÉMISHÈRE AUSTRAL :

Du N. O. à l'O. S. O., à la limite S. des vents alisés du S.; mais ces nuages ne tardent pas à disparaître : après quelque durée, les vents polaires semblent entraîner toute l'atmosphère dans leur mouvement; du moins le ciel est clair, et rien n'indique alors qu'il existe, dans les couches supérieures de l'atmosphère, un courant d'air différent de celui qui existe dans les couches inférieures.

Mais, aussitôt que les vents polaires faiblissent, il se forme, dans les régions les plus élevées de l'atmosphère, depuis la zone torride jusque par les plus hautes latitudes, des nuages immobiles, qui se dissipent de nouveau si les vents polaires reprennent de l'intensité. Mais, si ces vents continuent à faiblir, les nuages s'épaississent en se rapprochant de la surface de la terre, et forment ce qu'on appelle un ciel *pommelé*. Alors seulement ils paraissent se mettre en mouvement, et prennent la direction du S. O. dans l'hémisphère boréal, et celle du N. O. dans l'hémisphère austral. Dans ce cas, les vents polaires s'éteignent progressivement, et sont bientôt remplacés par les vents tropicaux [1].

Variation des vents alisés, d'après leur distance aux courants d'air polaires.

HÉMISPHÈRE BORÉAL.	HÉMISPHÈRE AUSTRAL.
Les vents polaires, lorsqu'ils sont dans leur plus grande force, soufflent du N. E. dans toute la partie de la zone torride dans laquelle ils viennent se précipiter. Cette direction n'est cependant que celle du fil du courant; car, à la partie occidentale de ces courants d'air, les vents deviennent d'abord N. E. 1/4 E., ensuite E. N. E., et continuent à se rapprocher de l'E.	Les vents polaires, lorsqu'ils sont dans leur plus grande force, soufflent du S. E. dans toute la partie de la zone torride dans laquelle ils viennent se précipiter. Cette direction n'est cependant que celle du fil du courant; car, à la partie occidentale de ces courants d'air, les vents deviennent d'abord S. E. 1/4 E., ensuite E. S. E., et continuent à se rapprocher de l'E. à m[e]

[1] Divers auteurs ont écrit qu'une partie seulement de notre atmosphère se mettait en mouvement, et que la partie la plus élevée restait toujours immobile. Nous devons prévenir qu'en disant que les vents polaires paraissent entraîner toute l'atmosphère dans leur mouvement, nous entendons que c'est seulement la partie susceptible de se mouvoir.

à mesure qu'ils s'éloignent du fil du courant.

Les vents alisés du N., lorsqu'ils soufflent du N. E., acquièrent ordinairement leur plus grande intensité, qui diminue progressivement à mesure que les vents se rapprochent de l'E., et, par conséquent, à mesure qu'ils s'éloignent du fil des courants d'air polaires.

La direction des vents alisés du N., qui n'est pas la même dans toute son étendue ou longueur, varie aussi dans leur étendue en largeur. Nous allons d'abord examiner ce qui se passe à la limite N., à l'endroit où les vents polaires ne viennent pas se précipiter.

Le cours ordinaire des vents alisés du N. est l'E. N. E.; mais, en s'éloignant de l'équateur, ils varient à l'E.; plus au N., ils deviennent E. S. E. et S. E.; enfin, à mesure qu'ils s'approchent du pôle, ils passent successivement au S. S. E., au S. et au S. S. O. Ces vents sont ceux que nous avons nommés tropicaux ou secondaires.

Si le temps se couvre

sure qu'ils s'éloignent du fil du courant.

Les vents alisés du S., lorsqu'ils soufflent du S. E., acquièrent ordinairement leur plus grande intensité, qui diminue progressivement à mesure que les vents se rapprochent de l'E., et, par conséquent, à mesure qu'ils s'éloignent du fil des courants d'air polaires.

La direction des vents alisés du S., qui n'est pas la même dans toute leur étendue en longueur, varie aussi dans leur étendue en largeur. Nous allons d'abord examiner ce qui se passe à la limite S., à l'endroit où les vents polaires ne viennent pas se précipiter.

Le cours ordinaire des vents alisés du S. est l'E. S. E.; mais, en s'éloignant de l'équateur, ils varient à l'E. Ensuite ils deviennent E. N. E. et N. E.; enfin, à mesure qu'ils s'approchent du pôle, ils passent successivement au N. N. E., au N. et au N. N. O. Ces vents sont ceux que nous avons nommés tropicaux ou secondaires.

Si le temps se couvre

lorsque les vents alisés du N. soufflent de l'E. à leur limite N., et qu'ils tournent ensuite au S. E., c'est un indice presque certain qu'ils feront promptement leur révolution, en passant successivement au S. S. E., au S. et au S. O., pour sauter ensuite au N. N. O. et au N., et former un nouveau courant d'air polaire.

Mais, si le temps reste clair lorsque les vents soufflent de l'E. au S. E., c'est un indice que les vents polaires ne s'établiront pas de quelque temps.

lorsque les vents alisés du S. soufflent de l'E. à leur limite S., et qu'ils tournent ensuite au N. E., c'est un indice presque certain qu'ils feront leur révolution, en passant successivement au N. N. E., au N. et au N. O., pour sauter ensuite au S. S. O. et au S., et former un nouveau courant d'air polaire.

Mais, si le temps reste clair lorsque les vents soufflent de l'E. au N. E., c'est un indice que les vents polaires ne s'établiront pas de quelque temps.

Formation et disparition des nuages aux limites des vents alisés situés du côté des pôles.

HÉMISPHÈRE BORÉAL.

Examinons maintenant la marche des nuages à la même limite.

Les couches supérieures de l'atmosphère, quand elles ne sont pas dérangées dans leur cours par les vents polaires, paraissent d'abord se diriger vers le N. O., ensuite vers le N. et le N. E.; mais, lorsque les nuages indiquent cette direction, c'est, comme

HÉMISPHÈRE AUSTRAL.

Examinons maintenant la marche des nuages à la même limite.

Les couches supérieures de l'atmosphère, quand elles ne sont pas dérangées dans leur cours par les vents polaires, paraissent d'abord se diriger vers le S. O., ensuite vers le S. et le S. E.; mais, lorsque les nuages indiquent cette direction, c'est, comme nous venons de le dire, un indice que les vents polaires ne tarderont pas à s'établir.

En effet, les nuages, peu après qu'ils sont formés, prennent promptement la direction du S. O. ; les vents varient beaucoup plus lentement à la partie inférieure de l'atmosphère; mais, une fois qu'ils soufflent du S. O., ils sautent bientôt au N., et viennent peu de temps après au N. E., tandis que les nuages se rangent très-lentement, d'abord à l'O., et ensuite à l'O. N. O. Lorsqu'ils ont pris cette dernière direction, ils se dissipent peu à peu, et finissent par disparaître entièrement, lorsque les vents polaires ont acquis une certaine intensité.

Après avoir expliqué ce qui a lieu au centre et à la limite N. des vents alisés, nous allons rapporter ce qui a été observé à la limite S.

nous venons de le dire, un indice que les vents polaires ne tarderont pas à s'établir.

En effet, les nuages, peu après qu'ils sont formés, prennent promptement la direction du N. O. Les vents varient beaucoup plus lentement à la partie inférieure de l'atmosphère; mais, une fois qu'ils soufflent du N. O., ils sautent promptement au S., et viennent peu de temps après au S. E., tandis que les nuages se rangent très-lentement, d'abord à l'O., puis à l'O. S. O. Lorsqu'ils ont pris cette dernière direction, ils se dissipent peu à peu, et finissent par disparaître entièrement aussitôt que les vents polaires ont acquis une certaine intensité.

Après avoir expliqué ce qui a lieu au centre et à la limite S. des vents généraux, nous allons rapporter ce qui a été observé à la limite N.

Effets produits par la jonction des vents alisés des deux hémisphères.

Dans les grandes mers, lorsque les vents alisés des deux hémisphères ont la même intensité, ils viennent se joindre à l'équateur, et conservent alors leur même direction E. N. E. et E. S. E. Il existe ordinairement, au point de réunion de ces deux grands courants d'air, des brises de l'E.

assez faibles, ou bien des vents de l'E. N. E. à l'E. S. E.. souvent accompagnés de grains le plus ordinairement d'une intensité moyenne.

HÉMISPHÈRE BORÉAL.

Lorsque les vents alisés du S. sont plus forts que les vents alisés du N., ils se réunissent au N. de l'équateur; alors les premiers se rapprochent du S. E., tandis que les autres viennent de l'E., et même quelquefois de l'E. S. E., principalement près des côtes orientales des continents. Les vents de cette direction, qui soufflent sur les côtes de la Guyane, sont les vents alisés du S. eux-mêmes qui, lorsqu'ils acquièrent leur plus grande force, parviennent quelquefois jusqu'aux îles Antilles.

HÉMISPHÈRE AUSTRAL.

Lorsque les vents alisés du N. sont plus forts que les vents alisés du S., ils se réunissent au S. de l'équateur; alors les premiers se rapprochent du N. E., tandis que les autres viennent à l'E. et même quelquefois à l'E. N. E., principalement près des côtes orientales des continents. Les vents du N. à l'E., qui soufflent souvent sur les côtes orientales d'Afrique situées au S. de l'équateur et dans le canal de Mozambique, ne sont autres que les vents *alisés* du N. qui, lorsqu'ils acquièrent leur plus grande force, parviennent quelquefois jusqu'au cap Saint-Augustin.

Formation des vents variables de la zone torride.

HÉMISPHÈRE BORÉAL.

Les vents alisés du N., près des côtes occidentales des continents, dépassent rarement l'équateur sans éprouver de variations; quelquefois

HÉMISPHÈRE AUSTRAL.

Les vents alisés du S., près des côtes occidentales des continents, dépassent rarement l'équateur sans éprouver de variations; quelquefois même, avant d'y parvenir, ils tournent vers le N. N. E. et le N. O.; d'autres fois ils ne prennent ces directions que sur l'équateur même.

Lorsque la limite N. des vents alisés du S. se trouve à plusieurs degrés de l'équateur, les vents de N., à mesure qu'ils s'avancent dans le S., tournent au N. N. O. et au N O.; ils deviennent même O. N. O. et **O.**

Ces vents du N. à l'O., que nous avons nommés vents variables de la zone torride, sont généralement orageux et presque toujours pluvieux, mais surtout très - inégaux dans leur force. Ils faiblissent à mesure qu'ils s'éloignent de leur origine, jusqu'à ce qu'ils soient au N. O.; mais, lorsqu'ils ont cette direction, ils s'éteignent, ou bien ils reprennent d'autant plus de force qu'ils avancent dans le S.

La manière dont se forment les vents variables de la zone torride est d'autant plus régulière et d'autant plus conforme aux règles que nous venons d'établir, que la limite S. des vents alisés du

même, avant d'y parvenir, ils tournent au S. S. E. et au S. O.; d'autres fois il ne prennent ces directions que sur le parallèle de 4° à 6° N.

Lorsque la limite S. des vents alisés du N. se trouve plus éloignée que ce parallèle, les vents de S., à mesure qu'ils s'avancent dans le N., tournent au S. S. O. et au S. O.; ils deviennent même O. S. O. et O.

Ces vents du S. à l'O., que nous avons nommés vents variables de la zone torride, sont généralement orageux et presque toujours pluvieux, mais surtout très - inégaux dans leur force. Ils faiblissent à mesure qu'ils s'éloignent de leur origine, jusqu'à ce qu'ils soient au S. O.; mais, lorsqu'ils ont cette direction, ils s'éloignent, ou bien ils reprennent d'autant plus de force qu'ils avancent dans le N.

La manière dont se forment les vents variables de la zone torride est d'autant plus régulière et d'autant plus conforme aux règles que nous venons d'établir, que la limite N. des vents alisés du

N. se rapproche de l'équateur; mais, lorque cette limite s'en éloigne, soit au N., soit au S., les vents tournent au N. et au N. O. plus ou moins vite, et leur intensité, à leur origine, paraît dépendre de la rapidité avec laquelle s'opère ce mouvement [1].

S. se rapproche de l'équateur; mais, lorsque cette limite s'en éloigne, soit au S., soit au N., les vents tournent au S. et au S. O. plus ou moins vite, et leur intensité, à leur origine, paraît dépendre de la rapidité avec laquelle s'opère ce mouvement.

Il est à remarquer que les vents variables, qui soufflent du S. O. dans l'hémisphère N., sont plus constants et moins irréguliers que ceux du N. O., qui soufflent dans l'hémisphère S.

Les localités exercent surtout une grande influence sur leur force; près des îles et des côtes ainsi que dans les mers resserrées, ils acquièrent quelquefois la violence de coups de vent.

Formation et disparition des nuages aux limites des vents alisés, situées près de l'équateur.

HÉMISPHÈRE BORÉAL.

Aussitôt que, près de l'équateur, les vents alisés du N. tournent au N. N. E. et au N., le temps se couvre, les nuages paraissent avoir à peu près la même direction que les vents, mais en avançant dans le S., ils tournent au N. O.

HÉMISPHÈRE AUSTRAL.

Aussitôt que, près de l'équateur, les vents alisés du S. varient au S. S. E. et au S., le temps se couvre, les nuages paraissent avoir à peu près la même direction que les vents; mais en avançant dans le N., ils tournent ensuite au

---

[1] Afin de faciliter les explications, nous désignerons souvent par le nom de vents de S. O. les vents du S. à l'O. qui soufflent dans la zone torride, au N. de l'équateur. Nous désignerons également par le nom de vents de N. O., ceux du N. à l'O. qui soufflent, dans la zone torride, au S. de l'équateur.

beaucoup plus promptement que les vents. Les nuages parviennent, par une latitude assez élevée, en conservant cette direction, dans les lieux mêmes où l'on ressent les vents alisés du S., lorsque ceux-ci sont faibles ou lorsqu'ils ne soufflent pas de leur direction naturelle entre le S. E. et l'E. Mais, dès qu'ils prennent un peu de force, ils paraissent entraîner toute l'atmosphère dans leur mouvement; les nuages se dissipent peu à peu, et finissent par disparaître. Alors rien n'indique qu'il existe, dans les couches supérieures de l'atmosphère, un courant différent de celui qui existe dans les couches inférieures.

S. O. beaucoup plus promptement que les vents. Les nuages parviennent, par une latitude assez élevée, en conservant encore cette direction, dans les lieux mêmes où l'on ressent les vents alisés du N., lorsque ceux-ci sont faibles ou lorsqu'ils ne soufflent pas de leur direction naturelle entre le N. E. et l'E. Mais, dès qu'ils prennent un peu de force, ils paraissent entraîner toute l'atmosphère dans leur mouvement; les nuages se dissipent peu à peu et finissent par disparaître. Alors rien n'indique qu'il existe, dans les couches supérieures de l'atmosphère, un courant d'air différent de celui qui existe dans les couches inférieures.

Dans ce qui précède, nous avons exposé, aussi simplement que possible, la manière dont se forment les vents réguliers. Nous allons maintenant entrer dans quelques autres détails propres au développement et à l'explication de ce système.

Comparaison des vents primitifs ou naturels avec les vents secondaires.

Nous avons donné le nom de vents naturels ou primitifs aux courants d'air polaires, et celui de vents secondaires aux courants d'air tropicaux. Les vents *alisés* peuvent aussi être nommés vents naturels ou primitifs, car ils ne sont que la continuation des vents polaires; de même que les vents variables de la zone torride peuvent être appelés vents secondaires, puisqu'ils ont la même origine que les vents tropicaux, et qu'ils se comportent à peu près de la même manière.

Les vents secondaires diffèrent en tous points des vents primitifs : ceux-ci sont plus denses, et se forment d'abord dans les couches inférieures de l'atmosphère; ils sont plus intenses à leur origine, et ils le deviennent moins à mesure qu'ils s'en éloignent et que leur direction s'écarte de celle qu'ils avaient lorsqu'ils se sont formés. Les vents primitifs, quand ils sont un peu forts, paraissent entraîner toute l'atmosphère dans leur mouvement.

Les vents secondaires commencent à souffler dans les couches supérieures de l'atmosphère; ils sont faibles à leur origine, et ils augmentent de force à mesure qu'ils s'en éloignent, et que leur direction s'écarte de celle qu'ils avaient quand ils se sont formés. Ces vents ne paraissent jamais entraîner l'atmosphère dans leur mouvement..

Les vents primitifs sont froids; ils le deviennent moins à mesure qu'ils s'éloignent de leur origine. Les vents secondaires sont chauds; ils le deviennent moins à mesure qu'ils s'éloignent du lieu où ils ont pris naissance.

Toutefois, les vents variables de la zone torride, lorsqu'ils prennent leur origine près de l'équateur, conservent une partie de la fraîcheur des vents alisés tant qu'ils ne soufflent pas à l'O. du N. ou à l'O. du S., suivant l'hémisphère. Les vents tropicaux conservent aussi assez souvent la fraîcheur des vents alisés tant qu'ils ne soufflent pas à l'O. du S. ou à l'O. du N.

Les vents primitifs sont secs et amènent presque toujours le beau temps. Les vents secondaires sont pluvieux et d'autant plus orageux que la température est élevée.

Le baromètre monte aussitôt que les vents primitifs

commencent à souffler. Il atteint sa plus grande élévation lorsque ces vents ont une grande intensité et qu'ils ont dissipé l'humidité et l'électricité occasionnées par les vents secondaires. Au contraire, lorsque ceux-ci commencent, le baromètre baisse, et il est d'autant moins élevé que ces vents ont plus de violence.

Cette dernière règle éprouve cependant quelques modifications près de terre. Les vents polaires, quelque peu qu'ils viennent du côté de la mer, conservent toujours assez d'humidité pour empêcher le baromètre d'atteindre sa plus grande élévation; mais il l'atteint bientôt lorsqu'ils soufflent de terre vers la mer.

Les vents secondaires sont généralement très-pluvieux; ils le sont beaucoup moins en pleine mer que sur les côtes, lorsqu'ils soufflent du large vers la terre; mais ils sont quelquefois secs, lorsqu'ils soufflent de la terre vers la mer. Dans ce dernier cas, le baromètre se tient un peu plus élevé que dans le premier.

Les vents primitifs sont très-sains; l'air est pur là où ils règnent; tandis que, dans les pays où les vents secondaires acquièrent quelque durée, il se déclare des maladies qui sont d'autant plus graves que les localités elles-mêmes sont plus malsaines et que la température est plus élevée [1].

Le soleil, dans son mouvement diurne, le gisement des côtes, l'élévation des terres, la nature même des terrains et les courants de la mer exercent une grande influence sur la direction et l'intensité des vents. Cette influence est beaucoup moindre sur les vents primitifs que sur les vents secondaires. Les vents primitifs, lorsqu'ils sont dans leur plus grande force, soufflent quelquefois pendant trois jours consécutifs sans éprouver d'altération, souvent moins longtemps, jamais au delà. Les vents secondaires éprouvent, au contraire, des altérations continuelles, et, plus ils ont d'intensité, plus ces altérations sont considérables.

---

[1] Voir la note C, à la fin

L'intensité des vents tropicaux dépend de celle des vents alisés.

Nous avons dit que les vents étaient N. E. ou S. E. à l'endroit de la zone torride où les vents polaires venaient se précipiter, mais qu'à mesure qu'ils avançaient vers l'O. les vents se rapprochaient de l'E. en diminuant d'intensité. Il est à remarquer que la force des courants d'air secondaires diminue dans la même proportion.

HÉMISPHÈRE BORÉAL.	HÉMISPHÈRE AUSTRAL.

Quand on quitte la Martinique avec des vents très-frais de l'E. N. E., et qu'ils se rapprochent du N. E. en allant vers le tropique du Cancer, on rencontre, aux débouquements, des vents du N. qui, quelquefois, viennent au N. N. O. : c'est un courant d'air polaire qui s'est établi dans cette partie des Antilles. Ce phénomène a lieu très-souvent d'octobre en avril, et seulement quelquefois dans l'autre saison.

Si l'on part de ce même point avec des vents d'E. N. E., et qu'en approchant des débouquements ils tournent à l'E., ils passent ensuite au S. E. et au S. S. E. à mesure qu'on avance dans le N.;

Quand on quitte Lima avec des vents très-frais de S. E. à l'E. S. E., et qu'ils se rapprochent du S. S. E. en allant vers le tropique du Capricorne, on est certain de rencontrer des vents de S. à peu près par 20° de latitude : c'est un courant d'air polaire qui s'est établi dans cette partie de la mer Pacifique. Cela a lieu très-souvent près de la côte du Pérou, depuis le mois d'octobre jusqu'à celui d'avril et seulement quelquefois, dans la saison opposée.

Si l'on part de ce même point avec des vents d'E. S. E., et qu'en approchant du parallèle de 20° ils tournent à l'E., ils passent ensuite au N. E. et au N. à mesure qu'on avance dans le S.; mais

mais alors le vent se maintient assez frais et il devient très-fort en passant au S. O. Dans ce cas, il ne tarde pas à sauter au N. O., surtout si l'on est encore au S. du parallèle de 3o° environ.

Enfin, si les vents sont à l'E. lorsque l'on quitte la Martinique, ils deviennent S. E. et S. S. E. aussitôt que l'on a passé la mer des Antilles. Alors ils sont très-faibles, quelquefois même ils s'éteignent. Dans tous les cas, ils se rangent très-lentement au S. S. O. et au S. O., et ils n'atteignent même cette direction qu'au N. de 4o° de latitude à peu près; mais ils peuvent alors la conserver longtemps.

Une remarque importante a été faite : c'est qu'au S. du parallèle du 3o°, les brises fraîches du S. à l'O. S. O. ne sont jamais de longue durée; plus elles sont fraîches, et plus tôt elles tournent vers le N. O. et le N.

alors le vent se maintient assez frais, et il devient très-fort en passant au N. O. Dans ce cas, il saute bientôt au S. O., si l'on est encore au N. du parallèle de 3o° environ.

Enfin, si les vents sont à l'E. lorsque l'on quitte Lima, ils deviennent N. E. et N. N. E. avant d'avoir atteint le parallèle du 2o° S. : Alors ils sont faibles, quelquefois même ils s'éteignent. Dans tous les cas, ils se rangent très-lentement au N. N. O. et au N. O., et ils n'atteignent même cette dernière direction qu'au S. du 3o° de latitude; mais ils peuvent alors la conserver quelques jours.

Une remarque importante a été faite : c'est qu'au N. du parallèle du 3o° les brises fraîches du N. à l'O. N. O. ne sont jamais de longue durée; plus elles sont fraîches, et plus tôt elles tournent vers le S. O. et le S.

Les vents polaires, après s'être formés dans un point, se forment successivement dans des lieux situés plus à l'O.

Cette observation, et celle que nous avons faite précédemment, à savoir que la force des courants d'air secondaires était d'autant plus grande, que l'on était plus près du fil d'un courant d'air polaire, nous ont conduit à supposer que les vents polaires, après s'être établis dans un point, s'établissent successivement dans des lieux situés plus à l'O. C'est un fait que l'expérience semble confirmer.

L'intensité des vents variables de la zone torride dépend de celle des vents alisés.

HÉMISPHÈRE BORÉAL.

Lorsque les vents alisés du N. soufflent du N. E., ce qui a lieu lorsqu'ils ont le plus d'intensité, ils conservent de la force, en tournant près de l'équateur, au N. et au N. O., et ne diminuent que lorsque les vents alisés faiblissent eux-mêmes. Les vents suivent toutefois, dans ces changements d'intensité, la progression que nous avons indiquée, relativement à leur distance du point où ils commencent à tourner vers le N.

Si les vents alisés du N. soufflent de l'E. N. E., les vents variables du N. à l'O. sont plus modérés.

HÉMISPHÈRE AUSTRAL.

Lorsque les vents alisés du S. soufflent du S. E., ce qui a lieu lorsqu'ils ont le plus d'intensité, ils conservent de la force en tournant près de l'équateur, au S. et au S. O. et ne diminuent que lorsque les vents généraux faiblissent eux-mêmes. Les vents suivent toutefois, dans ces changements d'intensité, la progression que nous avons indiquée, relativement à leur distance du point où ils commencent à tourner vers le S.

Si les vents alisés du S. soufflent de l'E. S. E., les vents variables du S. à l'O. sont plus modérés.

Si les vents alisés des deux hémisphères, soufflant tous deux avec force du N. E. et du S. E., ne se réunissent pas, il existe entre leurs limites, qui alors se rapprochent beaucoup de l'équateur, des vents variables du N. O. au S. O., qui occasionnent des orages et des grains quelquefois d'une violence extrême.

HÉMISPHÈRE BORÉAL.	HÉMISPHÈRE AUSTRAL.

Si les vents alisés du N., soufflant de l'E., se rapprochaient de l'équateur, et que les vents alisés du S. en fussent éloignés, les vents variables se formeraient dans l'hémisphère S.; mais ils n'auraient que peu de force et d'étendue, et on trouverait des calmes entre eux et les vents alisés du S.

Si les vents alisés du S., soufflant de l'E., se rapprochaient de l'équateur, et que les vents alisés du N. en fussent éloignés, les vents variables se formeraient dans l'hémisphère N., mais ils n'auraient que peu de force et d'étendue, et on trouverait des calmes entre eux et les vents alisés du N.

Enfin, lorsque les vents alisés des deux hémisphères soufflent en même temps de la partie de l'E., et que leurs limites sont éloignées de l'équateur, l'air qui s'échappe de ces deux courants ne forme que de folles brises en tourbillons, et le calme règne sur l'équateur.

Manière dont se déplacent les vents réguliers; conséquences de leur déplacement; explication des moussons.

Si l'on suppose maintenant que les vents polaires et les vents tropicaux, après s'être formés dans certains lieux, se forment successivement dans des lieux situés plus à l'O.; que les limites des vents alisés des deux hémisphères se déplacent du N. au S., et du S. au N., et que l'on observe en même temps les variations que les localités peuvent leur faire éprouver dans ces divers mouvements, on pourra se former une idée des vents réguliers qui règnent dans les diverses parties du globe.

Le déplacement des vents polaires et des vents tropicaux, ainsi que celui des vents alisés, dans le sens que nous avons indiqué, n'est point une hypothèse, principalement dans la zone comprise entre les parallèles de 35°N.

et 35° S. C'est un fait dont on peut trouver la preuve dans les journaux des navigateurs, et dans les ouvrages qui traitent de cette matière.

Les limites des vents alisés des deux hémisphères se rapprochent en même temps du pôle boréal ou du pôle austral, de manière que, depuis le mois d'avril jusqu'à celui d'octobre, ces limites sont généralement de 8 à 10° plus N. que pendant la saison opposée. Dans certaines localités même, le déplacement de ces limites est quelquefois de plus de 15°.

Explication des moussons.

Nous avons dit que les vents variables de la zone torride, qui règnent à l'occident des continents, dépendent entièrement de la position des limites des vents alisés des deux hémisphères; aussi leur déplacement se fait-il du N. au S. et réciproquement. Leur limite occidentale s'éloigne des continents, lorsque les vents alisés du N. s'éloignent des vents alisés du S., ou que ceux-ci s'éloignent des autres; mais, lorsque tous les deux se rapprochent, la limite occidentale de ces vents variables se rapproche des continents.

Il suit de là : que les vents de S. à l'O., qui, depuis le mois d'avril jusqu'à celui d'octobre, soufflent dans la zone torride de l'hémisphère boréal, sont remplacés ensuite par les vents alisés du N. E. à l'E., et que les vents de N. à l'O., qui, depuis le mois d'octobre jusqu'à celui d'avril, soufflent dans la zone torride de l'hémisphère austral, sont remplacés, dans l'autre saison, par les vents alisés du S. E. à l'E.

Les auteurs qui ont écrit sur les vents donnent le nom de mousson du S. O. aux vents qui, dans l'hémisphère N., soufflent pendant une saison du S. à l'O., près de l'équateur, dans les mers de l'Inde, et celui de mousson de N. E. aux vents du N. E. à l'E., qui remplacent les premiers dans la saison opposée.

Ils donnent le nom de mousson de N. O., aux vents qui, dans l'hémisphère S., soufflent pendant une saison du N.

à l'O., près de l'équateur, dans les mers de l'Inde; et celui de mousson de S. E., aux vents du S. E. à l'E., qui remplacent les premiers dans la saison opposée.

Les vents du N. à l'O. règnent depuis le mois d'octobre jusqu'à celui d'avril, au S. de l'équateur, dans les mers comprises entre le méridien de la pointe N. de Madagascar et celui de la Nouvelle-Guinée. Ils parviennent même quelquefois aux îles Maurice et de Bourbon. A la même époque, les vents polaires étant modérés dans l'hémisphère austral, les terres de la Nouvelle-Hollande leur font prendre la direction de l'E. S. E. avant qu'ils aient atteint le tropique du Capricorne, ce qui les empêche de parvenir jusqu'à l'équateur. Ils ne dépassent même pas le parallèle de 12 à 13° S., tandis que les vents alisés du N. acquièrent alors une grande intensité, et parviennent près de l'équateur.

Depuis le mois d'avril jusqu'à celui d'octobre, les vents alisés du S. sont forts et parviennent très-près de l'équateur; ils remplacent, par conséquent, les vents du N. à l'O., qui soufflaient pendant l'autre saison.

Causes qui empêchent les vents du N. à l'O. de souffler sur les côtes occidentales d'Afrique et d'Amérique.

Ces vents du N. à l'O. se font rarement sentir à l'O. des continents d'Afrique et d'Amérique, non parce que les vents alisés du N. ne sont pas plus forts que les vents alisés du S., mais parce que les terres des continents font prendre aux vents polaires de l'hémisphère boréal la direction de l'E. N. E., avant qu'ils puissent atteindre le tropique du Cancer, et que, par cette raison, ils parviennent rarement jusqu'à l'équateur, tandis que les vents polaires de l'hémisphère austral y parviennent, au contraire, près des mêmes continents, à toutes les époques de l'année.

Les vents alisés du N. se réunissent cependant quelquefois aux vents alisés du S., même très-près des côtes, dans les mois de janvier, février et mars.

Nous ne connaissons pas de circonstances, où les vents

alisés du N. soient parvenus jusqu'à l'équateur, pour former ensuite, à l'O. des côtes d'Afrique, les vents de N. O. dans l'hémisphère austral.

Nous n'avons pas de renseignements assez précis sur les vents qui règnent sur l'équateur, près des côtes occidentales d'Amérique, pour affirmer que les vents variables du N. O. ne se forment jamais dans cette partie de l'hémisphère austral. Nous avons lieu, cependant, de supposer que cela peut arriver quelquefois, car nous lisons dans le voyage de Lapérouse qu'il les trouva en novembre et décembre, même au milieu du grand Océan. Cet illustre navigateur, se rendant du Kamtschatka au port Jackson, prit, sur le parallèle de 25° N., les vents alisés du N. qui le conduisirent jusque par 175° 50' de longitude O. et 3° de latitude S. Là, les vents commencèrent à tourner vers le N., et, à mesure qu'il avança dans le S., ils passèrent successivement au N. N. O., au N. O. et à l'O. N. O. Il ne trouva les vents alisés du S. que sur le parallèle de 12° S., par 170° de longitude O.

La rencontre des vents polaires avec les vents de N. O. qui, dans le canal de Mozambique[1], près des îles Maurice et de Bourbon, ainsi que dans l'O. des côtes de la Nouvelle-Hollande, acquièrent quelquefois une grande force, paraît être la cause des ouragans qui ont lieu dans ces mers. La rencontre des vents polaires avec les vents du N. à l'E. qui soufflent souvent dans le canal de Mosambique, depuis octobre jusqu'en avril, semble aussi être une des causes des ouragans qui ont lieu dans ce canal[2].

Les vents du S. à l'O. règnent, depuis avril jusqu'en octobre, au N. de l'équateur, dans les mers de l'Arabie, de l'Inde et de la Chine, depuis la côte d'Afrique jusqu'aux Philippines. Ils s'étendent jusque sur les côtes de Perse et de Guzerate, parviennent à Calcutta et sur toutes les côtes N.

---

[1] Horsburg, tom. Ier, page 257, traduction de M. Leprédour.
[2] D'Après de Mannevillette, p. 28.

du golfe de Bengale, remontent le long de la côte orientale de la Chine et souvent même se font ressentir, à cette époque, jusqu'aux îles du Japon.

Dans la même saison[1], les vents polaires qui se forment sur le continent d'Asie sont très-modérés ; ils ne parviennent que très-rarement dans les mers d'Arabie, de l'Inde et de Chine ; tandis que les vents alisés du S., qui ont alors une grande intensité, parviennent souvent près de l'équateur : circonstance des plus favorables pour que les vents du S. à l'O. prennent une grande force et occupent une grande étendue. La limite orientale de ces vents se trouve à l'endroit même où les terres n'empêchent pas les vents polaires et les vents alisés du N. de suivre leur cours naturel.

Il arrive de temps en temps que les vents polaires qui se forment sur le continent d'Asie prennent de l'intensité ; alors ils parviennent dans les mers de l'Inde et de Chine. Leur rencontre avec les vents du S. à l'O. occasionne des vents de la partie de l'O. N. O.. et elle paraît devoir être, dans quelques circonstances, la cause des ouragans qui ont lieu dans ces mers.

Ces ouragans sont beaucoup plus fréquents dans les mers de Chine, aux Philippines, etc., où on les nomme *ty-foong*, que dans les mers de l'Inde, parce que les vents polaires, qui se forment assez souvent, à cette époque, sur les côtes orientales du Japon, se rapprochent de l'équateur, et peuvent avoir plusieurs points de contact avec les vents du S. à l'O.

Ainsi que nous l'avons déjà dit, les lieux occupés par les vents du S. à l'O., pendant une saison, sont occupés par les vents alisés du N. E. pendant l'autre.

---

[1] Nous pensons que, pendant cette saison, il se forme rarement des courants d'air polaires sur le continent d'Asie. Ils sont alors très-fréquents dans la Méditerranée et sur les côtes du Portugal. C'est le contraire pendant la saison opposée, c'est-à-dire que les courants d'air polaires sont très-fréquents sur le continent d'Asie. et qu'ils le sont très-peu dans la Méditerranée et sur les côtes du Portugal.

Cause pour laquelle les vents du S. à l'O. sont plus constants dans les
mers de l'Inde que sur les côtes occidentales d'Afrique.

Les vents de S. O. qui règnent à l'occident des côtes d'A-
frique sont beaucoup moins constants que ceux qui règnent
dans les mers de l'Inde, parce qu'il se forme souvent, dans
la Méditerranée et sur les côtes de Portugal, des courants
d'air polaires très-intenses, qui augmentent la force des vents
alisés du N. et les rapprochent de l'équateur. La rencontre
de ces vents de S. O. et des vents alisés du N. forme ces
orages que l'on nomme tornados, et qui deviennent quelquefois très-violents.

Ces vents variables s'étendent, pendant plusieurs mois de
de notre été, jusqu'à 60 ou 80 lieues des côtes de la Guyane.
Ils atteignent quelquefois le parallèle de 20° N. Nous les
avons rencontrés, par cette latitude, au mois d'octobre
1838, entre les méridiens de 50 et 56° de longitude O.
Nous les avions déjà trouvés, par cette même longitude,
dans les mois de novembre et décembre 1814, entre les
parallèles de 18 et 13° N.

Les côtes occidentales de l'Amérique ont été généralement peu fréquentées par les bâtiments dont les journaux
ont été publiés. On sait cependant que les vents du S. à l'O.
règnent, depuis le mois d'avril jusqu'à celui d'octobre, depuis l'équateur jusque sur les côtes de la Californie[1]. Leur
limite occidentale atteint quelquefois le méridien de 135°.
Il paraîtrait qu'elle ne s'étend pas beaucoup plus à l'O. Ces
vents de S. O. traversent l'isthme de Panama et le Mexique,
et dominent sur la côte ferme, le long des côtes de Honduras, du Yucatan, et dans une partie du golfe du Mexique.
Ils atteignent souvent Cuba, la Jamaïque ; quelquefois même
ils parviennent jusqu'aux petites Antilles. Ils ont soufflé,
pendant les mois de juillet, août et septembre, ainsi que

---

[1] Voyage du capitaine Duhaut-Cilly, t. II, p. 195.

pendant une partie d'octobre, en 1838, à la Martinique et à la Guadeloupe.

Ces vents du S. O. ne soufflent pas cependant avec une très-grande régularité dans les mers des Antilles et dans le golfe du Mexique, parce qu'il s'établit de temps à autre dans ces mers des courants d'air polaires, qui augmentent la force des vents alisés du N. et font cesser ces vents variables. Ils doivent aussi affaiblir ceux qui soufflent à la côte occidentale d'Amérique, car ils parviennent quelquefois sur cette côte, et même à une grande distance dans l'O.

La rencontre de ces vents du S. O. avec les vents alisés du N. pourrait être la cause des ouragans qui ont lieu aux Antilles. Nous pensons aussi que les vents alisés du S., que nous avons dit parvenir quelquefois à ces îles, pourraient également en être une des causes principales.

Tous les courants d'air polaires qui se forment en même temps ne se déplacent pas d'une manière uniforme; dans certaines localités, ainsi que près des côtes dont la direction est à peu près N. et S., ces courants d'air durent beaucoup plus longtemps qu'en pleine mer.

HÉMISPHÈRE BORÉAL.	HÉMISPHÈRE AUSTRAL.
Il en résulte que les vents alisés du N. peuvent être interrompus dans quelques lieux, où ils sont remplacés par des calmes ou bien par les vents variables de la zone torride, du S. à l'O., qui parviennent jusqu'au tropique du Cancer, et même le dépassent quelquefois, principalement dans l'océan Atlantique septentrional et dans le golfe du Mexique.	Il en résulte que les vents alisés du S. peuvent être interrompus dans quelques lieux où ils sont remplacés par des calmes ou bien par les vents variables de la zone torride du N. à l'O., qui parviennent alors par une latitude assez élevée, principalement aux environ des îles de Bourbon et de Maurice.

Observation sur les limites des vents alisés des deux hémisphères.

Ces vents variables de la zone torride, qui se font ressentir de temps en temps jusque par des latitudes assez élevées, doivent être une des causes qui empêchent les limites des vents alisés des deux hémisphères de rester toujours sur le même parallèle pendant tout le cours d'une même saison; en effet, tantôt elles se rapprochent ou s'éloignent en même temps de l'un des pôles, quelquefois elles se rapprochent ou s'éloignent en même temps de l'équateur, mais ce n'est pas toujours dans toute leur étendue. Aussi, ces limites présentent-elles de grandes irrégularités. Nous nous bornerons à en citer quelques exemples.

Pendant l'hiver, on rencontre quelquefois les vents alisés du N. avant d'arriver à Madère, sur le parallèle de 40 à 35°. A la même époque, on ne les trouve souvent qu'après avoir dépassé les Canaries, par 27 ou 28° de latitude.

Pendant la même saison, les vents alisés du N. ne règnent souvent qu'en dedans de la mer des Antilles. On trouve les vents tropicaux dans les canaux formés par les îles qui sont dans le N. de cet archipel, mais aussi quelquefois les vents alisés soufflent jusque sur le parallèle de 30° et dans tout le golfe du Mexique.

Dans d'autres circonstances assez fréquentes, pendant la même saison, les vents polaires sont encore, de la partie du N. au N. N. O., sur le parallèle de 20°, et ce n'est que par 16° qu'ils prennent la direction du N. E.; alors ils sont violents pendant environ trois jours, et faiblissent ensuite en se rapprochant de l'E. N. E.

Du reste, ceci résulte même de ce que nous avons déjà dit des vents polaires. En effet, lorsque ces vents ont leur plus grande intensité, ils tournent très-lentement, et ce n'est que par 18 ou 20° qu'ils sont N. E. ou S. E.; quelquefois même ils ne prennent cette direction que par 16°. Lorsqu'ils sont modérés, au contraire, ils ont déjà aux tropiques

la direction du N. E. ou du S. E. Comme tous les courants
d'air polaires qui règnent en même temps n'ont pas tous la
même intensité, il s'ensuit naturellement que les limites des
vents alisés des deux hémisphères doivent présenter des
irrégularités. Ce que nous disons des limites qui sont le plus
près des pôles s'étend aussi à celles qui sont le plus près de
l'équateur; car celles-ci suivent les mouvements des autres,
c'est-à-dire qu'elles se portent au N. ou au S. en même
temps.

**Faits principaux qui ont servi à établir le système. — Les vents po-
laires et les vents tropicaux soufflent alternativement sur la route
du Brésil au cap de Bonne-Espérance.**

On peut se convaincre facilement, en lisant les journaux
des bâtiments qui ont navigué dans les zones tempérées,
près des limites des vents alisés du N. et des vents alisés du
S., que les courants d'air polaires n'occupent qu'un certain
espace, et qu'ils sont séparés par des courants d'air tropicaux. Les bâtiments qui se rendent de la côte du Brésil
au cap de Bonne-Espérance trouvent alternativement les
uns et les autres. La durée de chacun de ces vents près des
tropiques est très-variable au large des côtes; mais, en approchant des terres, les vents polaires durent plus longtemps que les vents tropicaux sur une des côtes, tandis que
c'est tout le contraire sur la côte opposée.

Les vents polaires dominent sur les côtes méridionales
du Brésil, depuis le mois d'avril jusqu'à celui d'octobre [1].
Les vents tropicaux dominent alors sur la côte occidentale
d'Afrique [2]. Le contraire a lieu depuis le mois d'octobre
jusqu'à celui d'avril, c'est-à-dire que les vents tropicaux
dominent sur la côte du Brésil, et les vents polaires sur la
côte occidentale d'Afrique.

[1] Pilote du Brésil, par l'amiral Roussin, t.   , p. 44.
[2] D'Après, p. 24; Horsburg, p. 19, traduction de M. Leprédeur

Tandis que les vents tropicaux règnent à cette dernière côte, ce sont les vents polaires qui règnent sur la côte orientale[1].

Une autre circonstance encore très-remarquable, c'est que, pendant que les vents tropicaux soufflent sur la côte méridionale du Brésil, ce sont les vents polaires qui dominent sur la côte du Chili[2]; lorsque, au contraire, les vents tropicaux soufflent sur cette dernière, les vents polaires dominent sur la côte méridionale du Brésil.

Les vents polaires et les vents tropicaux soufflent alternativement dans le grand Océan méridional près des limites des vents alisés du S.

On trouve dans les journaux du capitaine Cook des exemples de ce que nous venons d'avancer. Au mois de juillet 1773, en se rendant de la Nouvelle-Zélande à Taïti, il trouva les vents tropicaux du N. O. au N. N. O., par 29° de latitude S., et 134° de longitude O., qui le conduisirent jusque par 19° de latitude S., et 133° de longitude O., où il rencontra les vents alisés du S. E. Il continua de naviguer entre ce parallèle et celui de 17°; mais les vents de S. E. cessèrent par 137° de longitude O., et ils furent remplacés par les vents d'E., qui le conduisirent à sa destination. Je ne citerai qu'un autre exemple, et je renverrai à ses journaux ainsi qu'à ceux des autres navigateurs, pour ce qui se passe dans le grand Océan méridional[3].

Cook partit des îles des Amis, le 17 juillet 1777, pour se rendre à Taïti, avec des vents d'E. qui durèrent quatre jours. Parvenu sur le parallèle de 24°, il rencontra les vents de N. E., qui passèrent au N. N. E. et au N., à mesure qu'il avança dans le S. et dans l'E. Il se maintint sur le pa-

---

[1] D'Après, p. 24; Horsburg, p. x, introduction; *idem*, p. 256.

[2] Instruction sur les côtes du Pérou, p. 10. Du Petit-Thouars, plan de Valparaiso.

[3] Voir note F, à la fin

rallèle de 28°, jusque sur le méridien de 154°, où il trouva les vents de S. O.; il prit alors la direction du N. E., et, à mesure qu'il avança dans cette direction, les vents passèrent successivement au S. S. O., au S., au S. E. et à l'E. S. E.

Les vents polaires et les vents tropicaux soufflent alternativement dans le grand Océan septentrional, près des limites des vents alisés du N.

La Pérouse se rendant de Monterey à Macao, pendant les mois d'octobre, novembre et décembre 1786, trouva alternativement les vents polaires, les vents tropicaux et des brises variables, jusqu'au méridien de 144° de longitude E. De là jusqu'au lieu de sa destination, il eut constamment les vents polaires ou les vents alisés du nord.

Dans le mois de juin 1819, le capitaine Freycinet, en allant de l'île Guam aux îles Sandwich, rencontra les vents tropicaux par 18° 40' de latitude N. et par 144° de longitude E. A partir de ce point jusque par 37° 57' de latitude N. et 158° 30' de longitude O., il eut parfois les vents polaires ou alisés, mais le plus fréquemment les vents tropicaux.

La corvette *la Bonite*, commandée par M. Vaillant, dans la traversée qu'elle fit des îles Sandwich à Macao, pendant les mois d'octobre et novembre 1836, conserva les vents polaires ou les vents alisés du N. depuis son départ de ces îles jusque sur le méridien de 179° 52' de longitude occidentale, où il rencontra les vents tropicaux, qui soufflèrent constamment du 31 octobre au 7 novembre et le conduisirent jusque sur le méridien de 170° 34' de longitude orientale. A partir de ce dernier point, il reprit les vents polaires ou les vents alisés du nord, qui ne le quittèrent point jusqu'à son arrivée à Macao.

Les vents polaires et les vents tropicaux soufflent alternativement entre les côtes d'Europe et celles d'Amérique.

Les bâtiments qui font les voyages d'Europe aux États-Unis, en se tenant entre les parallèles de 32° et 36°, éprouvent, à certaines époques de l'année, à peu près les mêmes effets que ceux qui vont du Brésil au cap de Bonne-Espérance, et, quoique les vents n'y soient pas aussi réglés, ils trouvent tantôt les vents polaires et tantôt les vents tropicaux, dont la durée est fort irrégulière. Cependant les vents polaires durent plus longtemps sur une des côtes, tandis que ce sont les vents tropicaux sur la côte opposée.

Depuis le mois d'avril jusqu'à celui d'octobre, les vents polaires soufflent presque constamment sur les côtes de Portugal[1], tandis que les vents tropicaux dominent sur les côtes méridionales des États-Unis, et dans une partie du golfe du Mexique[2].

Dans l'autre saison, au contraire, les vents polaires dominent sur ces mêmes parties des côtes d'Amérique, tandis que les vents tropicaux sont plus fréquents que les vents polaires sur les côtes du Portugal.

Dans une traversée que nous avons faite à bord de *l'Alcibiade*, pendant les mois d'octobre et de novembre 1828, de Brest à Norfolk, en passant au sud des Açores, nous eûmes tantôt les vents polaires et tantôt les vents tropicaux.

Nous quittâmes Norfolk à la fin du mois de novembre, pour nous rendre à la Floride occidentale; nous eûmes d'abord les vents de S. O., qui sautèrent au N. O., et qui, à mesure que nous avancions dans le sud, se rapprochaient du N., ensuite du N. E.; entre Saint-Domingue et l'île de Cuba, nous les avions à l'E. N. E. Peu de jours après, nous retrouvâmes, près du cap Saint-Antoine, les vents tropi-

---

[1] La Coudraye, p. 49; Romme, p. 64.
[2] *Routier des Antilles*, p. 493, traduction de M. Chaucheprat ; Romme, p. 45, 58, 61.

caux du S. E. au S. , qui nous conduisirent jusqu'à Pensacola.

Nous partîmes de ce port, le 21 janvier, avec des vents d'E.; le lendemain, ils étaient au S. S. O. et au S. O., et passèrent successivement au N. O. et au N. Le 24, nous étions en vue de la Havane, avec des vents du N. N. E. au N. E.; au coucher du soleil, ils étaient à l'E. Nous fîmes route pour débouquer par le canal de Bahama, et, à mesure que nous avançâmes dans le N., les vents passèrent au S. E., au S. et au S. O.

Nous nous rendions à la Guyara, après nous être élevés dans l'E.; nous gouvernâmes pour passer entre Saint-Domingue et Porto-Rico, mais nous rencontrâmes les vents tropicaux de la partie du S. E. à l'E. S. E., avec lesquels nous louvoyâmes plusieurs jours. A mesure que nous gagnions dans le S., les vents se rapprochaient de l'E.; mais ce ne fut que parvenus dans le canal qui sépare ces deux îles, qu'ils soufflèrent de cette direction; entre les îles et la côte ferme, ils étaient à l'E. N. E.

Nous étions dans ce même canal, le mois de mars suivant, et nous en sortîmes avec des vents de S. E. au S. S. E. Nous retrouvâmes ces mêmes vents lorsque, quelques jours après, nous voulûmes rentrer dans la mer des Antilles pour nous rendre à la Martinique; il fallut louvoyer, et ce ne fut qu'entre l'île d'Antigue et la Guadeloupe, que nous trouvâmes les vents de l'E. à l'E. N. E.

Le 25 mai de la même année, nous partîmes de Carthagène pour revenir en France. Nous eûmes d'abord des vents de N. N. E. au N. E.; mais, à mesure que nous approchions de Saint-Domingue, les vents passaient successivement à l'E. N. E. et à l'E. Le 1er juin, nous débouquâmes avec des vents de l'E. S. E. par le même canal où, six mois auparavant, nous avions trouvé des vents de l'E. N. E.

Le 2 juin, les vents étaient au S. E., et à mesure que nous avancions dans le N. ils se rapprochaient du S. O.

Ce sont les derniers faits que je viens de rapporter qui m'ont fait découvrir la relation qui existe entre les vents primitifs et les vents secondaires. Cette relation étant une fois connue, il m'a été extrêmement facile, avec les observations que j'avais faites dans les précédentes campagnes, et les renseignements pris dans les ouvrages et dans les journaux des navigateurs, d'établir le système des vents de la manière dont je viens de le présenter.

CHAPITRE II.

RÉFLEXIONS ET OBSERVATIONS SUR LES CAUSES DES DIVERS PHÉNOMÈNES DONT IL VIENT D'ÊTRE FAIT MENTION.

Nous ne nous sommes servis que d'un seul principe de physique, exposé au commencement de notre ouvrage; puis, à l'aide de nos propres observations, nous sommes parvenus à développer le système des vents, de telle sorte que tout repose sur des faits.

Nous allons maintenant faire part de nouvelles observations qui pourront faciliter l'explication des causes des divers phénomènes que nous avons exposés.

Le mouvement de rotation de la terre autour de son axe n'exerce que peu d'influence sur la direction des vents alisés.

Les savants et les navigateurs qui ont écrit sur les vents alisés attribuent au mouvement de rotation de la terre, autour de son axe, la direction de l'E. à l'O. que ces vents prennent entre les tropiques. Le mouvement de rotation de la terre paraît être, en effet, la cause première de cette direction, mais elle n'est pas la seule.

Il semblerait même qu'elle n'est pas très-considérable, mais qu'il suffit qu'elle ait fait détourner tant soit peu vers l'O. les courants d'air des deux hémisphères, lorsqu'ils se rencontrent, pour que l'influence qu'ils exercent l'un sur l'autre leur fasse prendre la direction de l'E. à l'O.

Les vents alisés des deux hémisphères ne se joignent qu'à une certaine distance dans l'O. des continents d'Afrique et et d'Amérique, jamais dans les mers de l'Inde. Cependant, les vents alisés du N., dans l'océan Atlantique septentrional, et les vents alisés du S., dans les mers de l'Inde, situées au

S. de l'équateur, prennent la direction de l'E. à l'O. Il est même à remarquer que ces vents se rapprochent d'autant plus de l'E. que leurs limites sont plus éloignées de l'équateur, tandis qu'ils se rapprochent d'autant plus du N. ou du S., suivant l'hémisphère, que leurs limites sont plus près de l'équateur : ce qui devrait être le contraire, si le mouvement de rotation de la terre autour de son axe était la seule cause qui déterminât les courants d'air polaires à prendre la direction de l'E. à l'O., car l'influence de ce mouvement devrait être toujours plus considérable aux environs de l'équateur que dans les lieux situés près des pôles.

Toutefois, cette influence, lorsqu'elle est combinée avec d'autres causes que nous allons chercher à expliquer, concourt à produire, sur les vents polaires, les effets que les auteurs lui attribuent, lors même qu'ils ne parviennent pas à l'équateur.

La configuration des terres exerce une grande influence sur la direction des vents en général.

On a pu remarquer que les vents, lorsqu'ils soufflent tant soit peu de la terre vers la mer, ont une grande tendance à prendre la direction des collines, des fleuves et des baies. Plus ils sont modérés et plus ils se rapprochent de ces directions.

Lorsque, sur les côtes de France, les vents polaires passent au N. N. O., ils viennent bientôt au N. N. E. et à l'E. N. E. s'ils ne sont pas violents. Les bâtiments qui profitent de ces brises pour faire route rencontrent, à une distance de terre plus ou moins considérable, les vents de N. N. O.[1]; mais, s'ils retardaient leur départ, ils seraient conduits plus loin par les vents du N. N. E. à l'E. N. E.; ceux-ci finissent même, quand ils ont quelque durée, par souffler sur une grande étendue de mer, entre les côtes d'Europe et celles d'Amérique.

[1] Table de loch de *la Zélée*, juin 1818.

4

Ce que nous venons de dire s'observe plus particulièrement vis-à-vis du détroit de Gibraltar [1], dans lequel les vents prennent la direction de l'E. aussitôt que les vents polaires soufflent du N. sur les terres d'Espagne.

Il est naturel de penser que les terres de l'Afrique septentrionale doivent exercer aussi une grande influence sur la direction des vents polaires, car lorsque ces courants d'air arrivent sur ces terres, ils ont encore moins d'intensité que sur le parallèle des côtes de France [2].

Les terres de la Nouvelle-Hollande doivent produire le même effet sur la direction des vents polaires qui se forment dans le S. et dans l'E. de ce continent. Ces suppositions peuvent servir à expliquer pourquoi les vents alisés du N., dans l'océan Atlantique, et les vents alisés du S., dans les mers de l'Inde, se rapprochent beaucoup plus de l'E. que dans les autres parties de la zone torride.

Le continent d'Amérique ne peut exercer que très-peu d'influence sur la direction des vents qui soufflent à une très-grande distance de ses côtes.

Le mouvement de rotation de la terre autour de son axe semble, en effet, être la principale cause de la direction de l'E. à l'O. que prennent les vents alisés et les vents généraux dans le grand Océan. Nous avons dit que l'influence de ce mouvement paraissait peu considérable, mais il suffit peut-être que les courants d'air polaires des deux hémisphères soient détournés du N. ou du S., et qu'ils inclinent tous les deux tant soit peu vers l'O, avant de se rencontrer, pour que l'influence qu'ils exercent l'un sur l'autre leur fasse prendre la direction de l'E. à l'O.

Nous aurons occasion, dans le cours de cet ouvrage, de citer, à l'appui de cette hypothèse, quelques observations

---

[1] *Astrolabe*, pages 14 et 15 ; table de loch de *la Caravane*, septembre 1838 ; voyage de la *Bonite*, 16 février 1836.

[2] .... Les brises du N. au N. O., que l'on trouve sur les côtes d'Afrique, ne sont que locales ; elles cessent à peu de distance de terre, et ne paraissent avoir aucune influence sur les vents principaux.

qui feront voir l'influence que les courants d'air qui se ren
contrent exercent les uns sur les autres.

Cette influence nous a paru tellement considérable, que nous avons été conduits à penser qu'on ne parviendra à expliquer la cause des diverses directions que prennent les vents dans quelques parties du globe, que lorsqu'on pourra comparer entre elles des observations faites en même temps dans plusieurs endroits.

Nous avons dit que les vents alisés du N., dans l'océan Atlantique, se rapprochaient d'autant plus de l'E. que les limites de ces vents étaient éloignées de l'équateur; comme cela a lieu ordinairement à l'époque où le soleil est dans l'hémisphère boréal, on pourrait supposer que la position de cet astre et son mouvement diurne sont les causes qui déterminent ces directions; mais comme les vents soufflent alors assez fréquemment de l'E. à l'E. S. E., entre les parallèles de 12° et 30°, alors même que le soleil est au S. du premier de ces parallèles, on doit en conclure qu'une autre cause détermine ces directions. Nous pensons que les vents généraux, dans certaines localités, et les vents variables de la zone torride du S. à l'O. dans d'autres, forcent les vents alisés de se détourner de leur direction naturelle et de prendre celle de l'E. à l'E. S. E. Ce qui semble appuyer cette supposition, c'est que ces vents se rapprochent toujours du S. E. et du S. lorsqu'ils soufflent à grains, ce qui a lieu fréquemment à leur limite S.

La raréfaction de l'air, près des côtes de l'Amérique septentrionale, échauffées par la présence du soleil dans l'hémisphère boréal, contribue sans doute à faire prendre aux vents alisés du N. la direction de l'E. S. E.; mais elle ne paraît pas en être la cause première, car on a observé des effets à peu près analogues dans les mers de l'Inde, au S. desquelles il n'existe aucune terre un peu considérable. Les vents alisés du S. soufflent souvent dans ces mers, de l'E. au N. E., à l'époque où le soleil est dans l'hémisphère austral.

Nous pensons que ce sont les vents variables de la zone torride du N. à l'O. qui font détourner les vents alisés du S. de leur direction naturelle, de même que ceux du S. à l'O. font détourner les vents alisés du N. dans l'océan Atlantique.

Ce qui se passe dans la Méditerranée semble confirmer ce que nous avançons sur l'influence qu'exercent les localités sur la direction des courants d'air. En effet, les vents qui dominent, pendant l'été, sur les côtes de Provence, sont ceux du N. O.; ces vents deviennent N. aux îles Baléares, puis N. E. entre ces îles et la côte d'Afrique, près de laquelle ils prennent la direction de l'E.

Les vents n'éprouvent pas les mêmes variations en hiver; ils soufflent généralement de la partie de l'O, entre les îles Baléares et la côte d'Afrique, lors même qu'ils soufflent du N. O. sur les côtes de Provence.

Influence du mouvement diurne du soleil sur les vents alisés.

Le mouvement diurne du soleil exerce aussi quelque influence sur la direction des vents, mais plus particulièrement sur celle des vents alisés des deux hémisphères. Nous allons rapporter ce qui a pu être observé à ce sujet.

Lorsque les vents polaires sont dans leur plus grande force, ils soufflent du N. E. ou du S. E., entre les tropiques ; alors on ne remarque aucune variation occasionnée par le mouvement diurne du soleil; mais, aussitôt qu'ils diminuent d'intensité, il tournent à l'E. N. E. ou à l'E. S. E., et commencent alors à ressentir l'influence du mouvement diurne de cet astre. Cette influence, bien qu'elle paraisse continuelle, est néanmoins si variable qu'il est très-difficile de saisir la règle d'après laquelle elle agit ; elle semble cependant dépendre de la déclinaison du soleil, et plus particulièrement encore de l'inclinaison des courants d'air avec cet astre, lors de son lever.

Si les vents soufflent à peu près de la direction dans laquelle s'est levé le soleil, ils ont une certaine tendance à suivre le mouvement de cet astre, c'est-à-dire qu'ils se rapprochent du N. ou du S., selon que le soleil doit passer au méridien, au N. ou au S. du zénith.

Mais si l'inclinaison des courants d'air avec le soleil, à son lever, est d'environ 45° et au-dessus, les vents varient en sens contraire de son mouvement, c'est-à-dire qu'ils se rapprochent du N., lorsque le soleil doit passer au méridien, dans le S. du zénith, et que, dans le cas où cet astre suit une direction opposée, ils tournent au contraire vers le S.

Ces variations ne sont remarquables qu'à une certaine heure de la journée. Alors les vents varient d'un et deux rumbs de vent : les vents de l'E. 1/4 N. E., par exemple, viennent quelquefois à l'E. 1/4 S. E., et réciproquement ; mais cette heure est elle-même très-variable ; ainsi, les vents changent quelquefois, à l'instant du passage du soleil au méridien ; d'autres fois, à celui de son coucher ou à toute autre autre heure de la nuit ou de la journée.

Dans le même lieu, l'heure à laquelle les vents changent, comme celle à laquelle ils reviennent à leur direction naturelle, varie peu d'un jour à l'autre, mais la **différence** est assez sensible dans l'intervalle d'un mois.

L'influence du mouvement diurne du soleil se fait ressentir sur les côtes de France.

L'influence du mouvement diurne du soleil se fait ressentir même dans les zones tempérées. Il n'est pas rare, dans les beaux temps, de voir, sur les côtes de France, dans l'Océan et dans la Méditerranée, une brise légère se lever dans l'E. à l'instant ou cet astre paraît à l'horizon, tourner dans le même sens que lui, souffler de la partie du S. lorsqu'il passe au méridien, et de la partie de l'O. pendant toute l'après-midi. Le calme survient alors, peu de temps après la fin du crépuscule.

Les observations que nous venons de rapporter ne prouvent pas directement que le mouvement diurne du soleil contribue à faire prendre aux vents alisés la direction de l'E. à l'O.; mais, comme elles démontrent une influence quelconque, on pourra peut-être en déduire que cette influence doit exister daus le sens du mouvement de cet astre.

Quelles que soient, d'ailleurs, les causes qui déterminent, entre les tropiques, des courants d'air de l'est à l'ouest, ceux-ci doivent, une fois établis, forcer les courants d'air polaires à dévier peu à peu de leur direction primitive et à se confondre avec eux.

L'influence du mouvement diurne du soleil et de celui de rotation de la terre autour de son axe ne se font pas toujours ressentir près de l'équateur.

Dans tous les cas, le mouvement diurne du soleil et celui de rotation de la terre autour de son axe ne paraissent pas exercer une grande influence sur la direction des vents alisés des deux hémisphères, car cette influence ne se fait pas ressentir dans tous les lieux où elle devrait être le plus considérable.

En effet, près de l'équateur, depuis la côte d'Afrique jusqu'à environ 80 lieues de la Guyane; depuis les côtes de d'Amérique jusqu'au méridien de 135° de longitude occidentale; depuis les Moluques jusqu'à la côte orientale d'Afrique, les vents d'O. règnent presque constamment, et ce n'est que par intervalles que les vents alisés des deux hémisphères se réunissent dans les parages que nous venons de désigner.

Observations sur les contre-courants d'air observés à la surface du globe.

Nous allons maintenant faire part d'une autre observation qui pourra, peut-être, faire connaître les causes qui détruisent l'influence dont nous venons de parler, et servir, en même temps, à expliquer la cause des vents secondaires.

Les vents d'O., qui soufflent très-fréquemment dans le détroit de Gibraltar, conservent leur même direction en avançant dans l'E., et forment un courant d'air dont le fil parvient, en s'élargissant progressivement, jusque sur les côtes de Sardaigne. Le fil de ce courant d'air arrive rarement jusque sur les côtes d'Espagne. On le trouve toujours très-près du cap de Gate; mais, plus on se rapproche du détroit, et plus le fil de ce courant s'éloigne de terre.

Les vents forment des courants d'air circulaires entre Malaga et Gibraltar.

Les vents, à la limite N. de ce courant d'air, tournent à l'O. 1/4 S. O., lorsque la distance à la côte est petite; ils passent à l'O S. O., lorsque cette distance augmente; enfin, à mesure que le fil du courant d'air s'éloigne du rivage, les vents se rapprochent du S. O. et du S., et même il arrive assez souvent qu'entre Malaga et Gibraltar les vents forment des courants d'air circulaires, en soufflant de l'E., près du rivage, tandis qu'ils soufflent de l'O. à l'ouvert du détroit.

On m'a assuré que, près des côtes d'Afrique situées aux environs du détroit de Gibraltar, les vents formaient aussi des courants d'air circulaires, en tournant à l'O. 1/4 N. O , à l'O. N. O., au N. et ensuite à l'E.; mais c'est un fait que je n'ai pas vérifié.

Les phénomènes que je viens de citer ne se font remarquer qu'aux époques où les vents sont modérés.

Lorsque les vents sont forts, ils ne forment jamais de courants circulaires, mais ils se rapprochent du S. O. près des côtes d'Espagne. Rarement alors ils dépassent cette direction.

Si les vents étaient violents , ils souffleraient sur les côtes méridionales d'Espagne, comme à l'E. et à l'O. du détroit, sans que les terres sur lesquelles ils passent leur fissent éprouver aucune variation.

Dans toutes ces diverses circonstances, les nuages, lorsqu'il y en a, indiquent que les couches supérieures de l'atmosphère conservent toujours la même direction que le vent principal, et que les variations que l'on a observées n'ont lieu qu'à la surface.

Les vents forment des courants d'air circulaires près des canaux qui séparent les îles Antilles.

Des observations à peu près semblables ont été faites dans tous les canaux qui séparent les îles Antilles. Ainsi, on a remarqué que, près de la Martinique et de la Dominique, les vents qui règnent ordinairement dans le canal qui sépare ces deux îles sont ceux de l'E. N. E., mais qu'ils tournent au N. E. et au N. en allant vers la baie de Saint-Pierre, dans laquelle ils soufflent assez souvent de l'O. pendant une partie de la journée. Du côté de la Dominique, au contraire, les vents tournent à l'E., au S. E. et au S.; quelquefois même ils soufflent de l'O., près de la côte occidentale de cette île.

Analogie entre les courants d'air et les courants d'eau.

Il est à remarquer que, près du détroit de Gibraltar, ainsi que près des canaux des Antilles, les courants d'eau éprouvent à peu près les mêmes variations que les courants d'air [1].

Ce sont des faits dont il est très-facile de s'assurer. Ils sont d'une grande importance, car ils pourraient conduire

Il existe toutefois, sur les côtes d'Espagne, une différence entre ces deux courants. Les courants d'eau sont toujours circulaires dans la baie située au N. E. de Gibraltar, tandis que les vents ne forment de courants d'air circulaires qu'autant qu'ils sont modérés.

à supposer que les courants d'air se comportent à la surface du globe de la même manière que les couches supérieures des courants d'eau. S'il en était ainsi, la cause des vents tropicaux et des vents variables de la zone torride se trouverait expliquée. En appliquant presque textuellement aux courants d'air les principes émis pour les courants d'eau par M. de Rossel, dans l'article *Courants* du Dictionnaire d'histoire naturelle de Déterville, on démontrerait en effet que ces vents sont les contre-courants des vents alisés des deux hémisphères.

Principes émis sur les courants d'eau, par M. le chevalier de Rossel.— Principes que l'on peut en déduire pour les courants d'air.

Nous reproduisons ci-après cet article, en mettant en regard l'application qu'on peut en faire aux courants d'air.

COURANTS D'EAU.

« Toutes les parties des « courants qui ont lieu en « pleine mer ne prennent pas « le même degré de vitesse. « Celles qui se trouvent au « milieu, et qui forment ce « qu'on appelle le *fil de l'eau*, « sont aussi celles qui acquiè- « rent le plus de rapidité; en- « suite la vitesse va en dimi- « nuant peu à peu, jusque « près des bords, où les mo- « lécules d'eau sont retenues « en partie par l'adhésion « d'autres molécules qui sont « en repos ou peuvent être « considérées comme telles. « Il paraît qu'il se fait, près

COURANTS D'AIR.

Toutes les parties des courants d'air ne prennent pas le même degré de vitesse; celles qui se trouvent au milieu, et qui forment ce qu'on peut appeler le *fil du courant*, sont celles qui acquièrent le plus de rapidité; ensuite la vitesse va en diminuant peu à peu, jusques près des bords, où les molécules d'air sont quelquefois retenues, en partie, par d'autres molécules d'air, qui sont en repos ou peuvent être considérées comme telles. Il paraît qu'il se fait souvent, près de ces limites, une décom-

« de ces limites, une décom-
« position de forces en vertu
« de laquelle les eaux qui s'y
« trouvent tendent toujours à
« s'écarter du principal fil du
« courant ; elles y forment
« sans cesse de petits tour-
« billons qui tournent avec
« rapidité, ou bien des cou-
« rants circulaires d'une plus
« grande étendue. Il suit na-
« turellement de tous ces faits
« qu'un lit de courant doit s'é-
« largir à mesure qu'il s'a-
« vance, et qu'il ne doit ja-
« mais se terminer avant d'a-
« voir formé un grand nom-
« bre de tournants d'eau. »
(*Dictionnaire d'histoire natu-*
relle de Déterville, article Courants, *par* M. *le chevalier de*
Rossel.)

position de forces, en vertu de laquelle le fluide atmosphérique qui s'y trouve tend toujours à s'écarter graduellement du principal fil du courant, et à former des courants circulaires d'une grande étendue ou de petits tourbillons. Il suit naturellement de tous ces faits qu'un lit de courant d'air doit s'élargir à mesure qu'il avance, et qu'il ne doit jamais se terminer avant d'avoir formé quelques courants circulaires d'une grande étendue ou bien un nombre considérable de petits tourbillons.

Les observations que nous avons faites précédemment viennent, du reste, à l'appui de notre supposition qu'il existe une grande analogie entre les courants d'air et les courants d'eau.

Dans un ouvrage publié en 1827, ayant pour titre : *Instruction sur les côtes de la Guyane française,* nous avons dit que là où soufflaient les vents alisés, soit du N., soit du S., les courants portaient à l'O.; mais qu'il paraissait s'établir, au milieu des vents variables de la zone torride, un contre-courant presque constant, portant à l'E.

Nous avons cité dans cet ouvrage, à l'appui de ces remarques, l'extrait de quelques journaux seulement ; mais on peut se convaincre de l'exactitude de ce que nous avons annoncé à ce sujet en consultant les relations de tous les voyages publiés, et même les tables de loch de tous les bâtiments qui ont navigué dans les mers où règnent les vents variables de la zone torride.

Remarques sur les causes des moussons. — Réfutation des explications
données par divers auteurs.

D'Après, Horsburg, La Coudraye, ainsi que quelques autres auteurs qui ont écrit sur les vents, ont cherché à expliquer la cause des moussons dans les mers de l'Inde. Celles du N. E. et du S. E., l'une au N., l'autre au S. de l'équateur, n'avaient pas besoin d'explication, car les vents de N. E. et de S. E. qui soufflent dans ces mers ne sont autre chose que les vents alisés du N. ou du S., qui se rapprochent alternativement de l'équateur selon les saisons.

Il nous semble que ces auteurs ne font que des suppositions sur la cause de la mousson du N. O.; et, dans ce qu'ils disent à ce sujet, nous ne trouvons qu'un seul fait qui nous paraisse exact. Tous pensent que la mousson du N. O. serait aussi régulière que celle du S. O. si la configuration des terres était semblable au N. et au S. de l'équateur. Ce fait seul est confirmé par nos observations.

Les auteurs que nous avons cités donnent, sur la mousson du S. O., les explications suivantes : « La principale cause de ces vents provient de la situation des terres par rapport au soleil, car les côtes d'Arabie, de Perse et de l'Inde, étant extrêmement échauffées quand le soleil est à leur zénith, l'atmosphère s'y raréfie; alors les vents de l'Océan viennent pour rétablir l'équilibre. »

Quelques remarques suffiront, nous le pensons, pour faire voir que cette explication n'est pas suffisante. En effet, la température, sur les terres sèches et arides de l'Arabie, est plus élevée que sur celles du Malabar, qui sont cultivées, couvertes de bois et arrosées par un grand nombre de rivières; cependant les vents se dirigent des côtes d'Arabie vers celles du Malabar [1].

D'un autre côté, à l'époque où la mousson du S. O. domine dans les mers de l'Inde, c'est-à-dire depuis le mois d'avril jusqu'à celui d'octobre, il se forme fréquemment, dans le canal de Mozambique, des courants d'air polaires qui ont une grande intensité, et qui ne varient que du S. S. O. au S. S. E. Ces courants d'air, après avoir dépassé la pointe N. de Madagascar, devraient souffler du S. E. à l'E., d'abord à cause du mouvement de rotation de la terre et du mouvement diurne du soleil, ensuite parce que la température des terres d'Afrique est plus élevée que celle de la mer: mais, au lieu de tourner vers l'O., ces courants d'air tournent en sens contraire.

Pourquoi l'effet de ces trois actions, que tous les auteurs disent être très-puissantes, se trouve-t-il détruit? C'est que les vents du S. à l'O. qui soufflent dans la zone torride, au N. de l'équateur, sont les contre-courants des vents alisés du S. E. à l'E.; de même que les vents du N. à l'O., qui soufflent au S. de l'équateur, sont les contre-courants des vents alisés du N. E. à l'E.; et parce que ces contre-courants, qui sont d'autant plus forts que la raréfaction de l'air est plus considérable, forcent tous les autres courants d'air à se détourner de leur direction naturelle et à se confondre avec eux.

Causes qui rendent, dans les mers de l'Inde, les vents variables du N. à l'O. moins constants et moins réglés que ceux du S. à l'O.

L'atmosphère est considérablement raréfiée dans les mers d'Arabie, de l'Inde et de Chine, depuis le mois d'avril jusqu'à celui d'octobre, d'abord à cause de la position du soleil au-dessus de ces mers et de la température élevée des terres d'Asie, ensuite parce que le continent intercepte l'air frais

[1] Voir note D, à la fin.

du pôle N., qui ne parvient presque jamais dans ces mers. L'air est moins raréfié, pendant la saison opposée, dans les mers de l'Inde situées au S. de l'équateur, parce que, ces mers étant ouvertes au S., l'air frais du pôle austral peut y parvenir facilement, et y tempérer la chaleur occasionnée par la présence du soleil. C'est une des causes qui rendent les contre-courants du N. à l'O. moins bien réglés et moins constants que ceux du S. à l'O. dans l'autre hémisphère.

La configuration des terres exerce aussi une influence assez grande sur les vents de mousson du N. E. et du S. E. Les vents qui viennent du pôle S. sont réguliers, parce que rien ne les empêche de suivre leur cours; et s'ils ne parviennent pas toujours à l'équateur, c'est parce qu'ils sont entraînés par les vents alisés du S., qui n'y parviennent pas eux-mêmes, à cause des terres de la Nouvelle-Hollande, qui leur font prendre la direction de l'E. S. E. au tropique du Capricorne, et quelquefois même par une latitude plus élevée.

Les vents polaires, qui soufflent du continent d'Asie vers les mers de l'Inde, sont, comme tous les vents qui viennent de terre, quelquefois très-forts, et peu d'instants après modérés; cette irrégularité dans l'intensité de ces vents est cause que tantôt ils se rapprochent de l'équateur, et que peu de temps après ils s'en éloignent. Aussi est-il à remarquer que les vents variables du N. à l'O. sont moins réguliers et moins intenses dans le S. des mers d'Arabie et de l'Inde que plus près des côtes de la Nouvelle-Hollande, où ces vents sont les contre-courants des vents de N. E. qui soufflent dans les mers de Chine, et qui ne sont gênés par aucune terre d'une étendue un peu considérable.

Les contre-courants de la zone torride prennent une plus grande intensité à mesure qu'ils approchent des côtes. Deux causes produisent cet effet : d'abord la température élevée des côtes, ensuite parce que l'air frais des pôles trouve moins d'obstacles à se rapprocher de l'équateur, dans les mers libres, que près des continents, qui les interceptent le plus ordinairement.

Les vents variables de la zone torride se font ressentir sur les continents.

Nous n'avons pas encore fait assez d'études sur les vents qui règnent sur les continents pour pouvoir en parler d'une manière certaine; cependant ce que nous avons appris dans quelques ouvrages et par les renseignements de quelques voyageurs nous fait supposer que les vents variables de la zone torride se font ressentir sur les continents, de même que les vents tropicaux, qui sont aussi des contre-courants des vents alisés et généraux, soufflent souvent sur toutes les parties de ces continents situées dans les zones tempérées [1].

Les vents variables de la zone torride, que nous nommerons quelquefois contre-courants de la zone torride, sont resserrés entre les vents alisés des deux hémisphères, et il est rare qu'ils dépassent certaines limites, quelle que soit leur force, parce que, dans les mers libres, aucun courant d'air ne peut arrêter les vents alisés, soit du N., soit du S., lorsqu'ils ont seulement une intensité moyenne.

Limites des vents tropicaux, nommés aussi contre-courants des zones tempérées.

Les vents tropicaux, que nous nommerons quelquefois contre-courants des zones tempérées, parce qu'ils sont les contre-courants des vents alisés dans les deux hémisphères, règnent au N. et au S. de ces vents. Leurs limites changent fréquemment de position; elles se rapprochent ou s'éloignent des pôles en même temps que les vents *alisés* s'en rapprochent et s'en éloignent eux-mêmes; et, comme la largeur de la zone occupée par les contre-courants est ex-

---

[1] Voir note E, à la fin.

trêmement variable, il s'ensuit que les limites situées du côté des pôles parviennent par des latitudes assez élevées.

HÉMISPHÈRE BORÉAL.	HÉMISPHÈRE AUSTRAL.
Lorsque les vents alisés du N. sont bien établis et qu'ils ont quelque intensité, ces vents, à leur limite N., tournent promptement au S. et deviennent bientôt O. S. O.; ils sont alors les contre-courants des vents alisés du N. qui soufflent de E. N. E.	Lorsque les vents alisés du S. sont bien établis et qu'ils ont quelque intensité, ces vents, à leur limite S., tournent promptement au N. et deviennent bientôt O. N. O.; ils sont alors les contre-courants des vents alisés du S. qui soufflent de l'E. S. E.
La limite S. de ces contre-courants dépasse rarement le parallèle de 35° N.; quelquefois elle ne parvient pas jusque sur celui de 45°.	La limite N. de ces contre-courants dépasse rarement le parallèle de 35° S.; quelquefois elles ne parvient pas jusque sur celui de 45°.

Lorsque les vents *alisés* ont de l'intensité, les contre-courants des zones tempérées acquièrent une grande force, alors ils s'étendent successivement vers l'est, et finissent par occuper une très-grande étendue. Dans quelques circonstances, ils se font ressentir dans presque toute la partie de la zone comprise entre les parallèle de 35° S. et de 60° S., et dans la plus grande partie des mers boréales situées au N. du parallèle de 35° N.

Origine des vents polaires.

HÉMISPHÈRE BORÉAL.	HÉMISPHÈRE AUSTRAL.
Les vents dominant dans les latitudes élevées sont	Les vents dominant dans les latitudes élevées sont

ceux du N. O. : ils se rencontrent avec les contre-courants de la zone tempérée (vents tropicaux), et produisent avec ceux-ci divers effets, lesquels diffèrent selon le plus ou moins d'intensité de ces deux courants d'air.

Lorsque les vents de N. O. et les vents tropicaux sont modérés, ils se rapprochent en même temps de l'O. dans tous les lieux où ils se joignent ; les premiers soufflent alors entre l'O. N. O. et l'O., les derniers entre l'O. S. O. et l'O. ; la rencontre de ces vents occasionne le mauvais temps et les vents oscillent de la manière dont il est parlé (page 16). Les vents de l'O. N. O. à l'O avancent successivement dans le S., en luttant toujours contre les vents tropicaux, et finissent par passer au N. O., par une latitude plus ou moins élevée.

Les vents de l'O. N. O. à l'O. perdront d'autant plus de leur intensité qu'ils rencontreront plus d'obstacles ; si donc les vents tropicaux de l'O. S. O. à l'O. ont une grande force, le cours de ceux

ceux du S. O. ; ils se rencontrent avec les contre-courants de la zone tempérée (vents tropicaux), et produisent avec ceux-ci divers effets, lesquels diffèrent selon le plus ou moins d'intensité de ces deux courants d'air.

Lorsque les vents de S. O. et les vents tropicaux sont modérés, ils se rapprochent en même temps de l'O. dans tous les lieux où ils se joignent ; les premiers soufflent alors entre l'O. S. O. et l'O., les derniers entre l'O. N. O. et l'O ; la rencontre de ces vents occasionne le mauvais temps, et les vents oscillent de la manière dont il est parlé (p. 16). Les vents de l'O. S. O. à l'O. avancent successivement dans le N., en luttant toujours contre les vents tropicaux, et finissent par passer au S. O., par une latitude plus ou moins élevée.

Les vents de l'O. S. O. à l'O. perdront d'autant plus de leur intensité qu'ils rencontreront plus d'obstacles : si donc les vents tropicaux de l'O. N. O. à l'O. ont une grande force, le cours de ceux

de l'O. N. O. à l'O. se trouvera considérablement ra-
lenti, lorsqu'ils parviendront
à la limite S. des contre-courants de la zone tempérée.

de l'O. S. O. à l'O se trouvera considérablement ra-
lenti, lorsqu'ils parviendront
à la limite N. des contre-courants de la zone tempérée.

C'est probablement pour cette raison que les vents de N. O.
ou de S. O., suivant l'hémisphère, sont d'autant moins intenses qu'ils reprennent leur direction primitive plus près
de la zone torride.

HÉMISPHÈRE BORÉAL.

Si les vents qui viennent du
côté des pôles soufflent avec
force du N. O., et qu'en même
temps les vents tropicaux acquièrent une grande intensité
et se rapprochent du S. O.,
leur rencontre produit les
oscillations dont nous avons
parlé (page 16) et peut oc-
casionner des tempêtes.

Mais, lorsque les vents du
N. O. ont une plus grande
force que les vents tropicaux,
ils dominent bientôt sur ceux-
ci et parviennent dans la zone
torride, en conservant une
partie de leur intensité et en
suivant les directions que
nous avons indiquées.

HÉMISPHÈRE AUSTRAL.

Si les vents qui viennent du
côté des pôles soufflent avec
force du S. O., et qu'en même
temps les vents tropicaux acquièrent une grande intensité
et se rapprochent du N. O.,
leur rencontre produit les
oscillations dont nous avons
parlé (page 16) et peut oc-
casionner des tempêtes.

Mais, lorsque les vents du
S. O. ont une plus grande
force que les vents tropicaux,
ils dominent bientôt sur ceux-
ci et parviennent dans la zone
torride, en conservant une
partie de leur intensité et en
suivant les directions que
nous avons indiquées.

Cette dernière circonstance s'observe plus particulièrement près des continents et dans les lieux où il existe des
groupes d'îles occupant une certaine étendue; mais il est

assez rare qu'elle ait lieu à une grande distance des côtes, dans l'Océan méridional et dans une partie du grand Océan septentrional, où les vents de N. O. ou de S. O. reprennent ordinairement leur direction primitive sur un parallèle peu élevé.

Cette différence peut provenir de ce que, dans les grandes mers, la température varie d'une manière uniforme, tandis que les terres occasionnent des variations de température considérables et extrêmement inégales. Par suite, les vents dans les grandes mers peuvent conserver une force assez uniforme, tandis que, près de terre, cette force peut diminuer considérablement, et augmenter ensuite d'autant plus qu'elle avait subi d'abord une diminution plus considérable.

HÉMISPHÈRE BORÉAL.

Les vents de N. E., qui soufflent assez souvent dans la zone glaciale, parviennent quelquefois dans la zone torride sans éprouver d'altérations ; mais ils rencontrent le plus ordinairement, dans la zone tempérée, les vents tropicaux du S. O. à l'O., qui les empêchent de se réunir aux vents alisés du N., et qui leur font prendre des directions plus rapprochées de l'E. et de même l'E. S. E. Ces vents parviennent jusque sur les côtes de France, et dans une partie de l'océan Atlantique.

HÉMISPHÈRE AUSTRAL.

Les vents de S. E., qui soufflent assez souvent dans la zone glaciale, parviennent quelquefois dans la zone torride sans éprouver d'altérations ; mais ils rencontrent le plus ordinairement, dans la zone tempérée, les vents tropicaux du N. O. à l'O., qui les empêchent de se réunir aux vents alisés du S., et qui leur font prendre des directions plus rapprochées de l'E. et même de l'E. N. E. Ces vents passent rarement le parallèle de 60°.

Après avoir traité des contre-courants observés à la surface de la terre, nous allons faire part de quelques remarques qui ont été faites sur les contre-courants des couches supérieures de l'atmosphère.

Remarques sur les contre-courants observés dans les couches supérieures de l'atmosphère.

Tous les auteurs qui ont donné des théories des vents alisés s'accordent à supposer qu'il existe, dans les couches supérieures de l'atmosphère, des contre-courants qui suivent des directions tout à fait opposées à celles des vents polaires et des vents alisés. Ils ont adopté cette hypothèse, parce qu'il a été observé des contre-courants à diverses hauteurs sur les montagnes, et parce que les nuages qui se forment de temps en temps dans les couches supérieures de l'atmosphère, là où règnent les vents polaires et les vents alisés, paraissent suivre en effet des directions opposées à celles de ces vents. Nous sommes convaincu qu'il existe des contre-courants dans les couches supérieures de l'atmosphère, mais il nous semble que les auteurs leur ont donné une trop grande importance, et sans que cette partie de leur théorie ait été appuyée sur des faits positifs et assez nombreux.

Nos remarques sur la formation et sur la disparition des nuages démontrent l'existence de contre-courants aux limites des vents alisés, dans les lieux où les vents polaires ne soufflent pas; elles font voir aussi que ces contre-courants s'établissent quelquefois là où les vents polaires et les vents alisés sont faibles ou lorsqu'ils ne soufflent pas de leurs directions naturelles.

Les contre-courants observés à diverses hauteurs sur les montagnes n'occupent qu'une petite étendue.

Les contre-courants observés à diverses hauteurs sur les montagnes ne nous paraissent avoir aucun rapport avec ceux des couches supérieures de l'atmosphère dont nous venons de parler. Nos observations et les renseignements que nous avons recueillis semblent en effet démontrer que les premiers ne se font ressentir que très-près des montagnes, tandis que souvent les derniers sont observés dans une étendue très-considérable et dans les régions les plus élevées de l'atmosphère.

De ce fait que les vents polaires qui se forment sur les côtes occidentales de l'Amérique méridionale parviennent sur les côtes orientales, en passant au-dessus des Cordilières, et que les vents alisés du S., qui soufflent au large des côtes du Brésil, parviennent sur celles du Pérou, en passant au-dessus de ces mêmes montagnes, nous avons cru pouvoir conclure, ainsi que nous l'avons dit dans l'introduction de cet ouvrage, que les contre-courants observés à diverses hauteurs sur les montagnes des Cordilières ne devaient occuper qu'une étendue peu considérable.

Ce résultat et les observations que nous avons faites à diverses hauteurs, dans les Pyrénées ainsi que sur les côtes de tous les pays que nous avons visités, nous font penser qu'il en est des contre-courants observés sur les montagnes comme de tous les vents que l'on observe journellement à terre et près des côtes, c'est-à-dire que les uns et les autres sont occasionnés par les altérations que les localités font subir aux vents principaux, lesquels reprennent leur cours naturel à une distance plus ou moins rapprochée des côtes ou du sommet des montagnes.

Contre-courants observés près des Pyrénées.

Nous allons citer, à l'appui de notre opinion, une remarque très-curieuse qui a été faite sur les contre-courants, près des Pyrénées, par M. Giffard, médecin à Vic (Hautes-Pyrénées).

Dans les beaux temps, lorsque la direction des nuages

indique que les vents de N. soufflent dans les couches supérieures de l'atmosphère, les vents de S. se font ressentir à la surface de la terre, mais seulement depuis le pied des Pyrénées jusqu'à une certaine distance dans le N. Cette distance est assez variable; cependant elle ne dépasse jamais 5 myriamètres; elle n'est quelquefois que d'un myriamètre. Au delà de cette distance, les vents de N. soufflent à la surface comme dans les hautes régions de l'atmosphère.

Ces contre-courants de la partie du S., qui sont d'autant plus forts qu'ils soufflent plus près des Pyrénées, conservent la fraîcheur qui est l'attribut des vents de N., et ne peuvent être confondus avec les vents de S. que nous nommons tropicaux, parce que ceux-ci sont chauds et souvent orageux.

Les nuages n'indiquent que très-rarement des contre-courants, lorsque les vents tropicaux soufflent à la surface de la terre.

Il est rare que, lorsque les vents tropicaux soufflent à la surface de la terre, on aperçoive des nuages indiquant qu'il existe, dans les couches supérieures de l'atmosphère, des contre-courants qui se dirigent des pôles vers l'équateur. Nous n'avons observé cette circonstance que lorsque les vents tropicaux soufflent en coups de vent; mais, dans ce cas, ils ne tardent pas à être remplacés par les vents polaires.

On observe fréquemment, sur les continents et près des côtes, des contre-courants de toutes les directions; mais, ainsi que nous venons de le faire remarquer, ces circonstances sont produites par les localités, et elles n'exercent aucune influence sur les courants d'air principaux, qui sont les seuls dont nous nous occupons maintenant.

Le beau temps, avec un ciel clair, paraît annoncer que les vents qui soufflent à la surface de la terre ne sont pas gênés dans leur cours.

Le beau temps, avec un ciel clair, paraît généralement annoncer que les vents, de quelque direction qu'ils soufflent, ne sont pas gênés dans leur cours; mais, aussitôt que des nuages se forment dans les couches supérieures de l'atmosphère, c'est un indice qu'il existe d'autres courants d'air plus ou moins rapprochés et plus ou moins intenses, qui opposent un obstacle à ceux des couches inférieures.

Chaque fois que les vents tropicaux sont accompagnés de beau temps, c'est un indice à peu près certain que les vents polaires sont éloignés; mais lorsque ceux-ci ne suivent pas leur cours naturel, et que toutes les circonstances atmosphériques ne sont pas celles qui les accompagnent ordinairement, on peut supposer que les vents tropicaux les empêchent de suivre leur cours et de parvenir jusqu'à la zone torride. Dans ce cas, les vents du N. O. au N. E., dans l'hémisphère boréal, et ceux du S. O. au S. S. E., dans l'autre hémisphère, peuvent acquérir la force de coups de vent, et sont alors très-pluvieux et souvent même orageux.

Si, lorsque les vents polaires sont parvenus dans la zone torride, ils ne prennent pas la même direction que les *vents alisés*, ces vents soufflent par grains, et la pluie est d'autant plus abondante que les directions de ces vents sont plus inclinées, l'une par rapport à l'autre.

Considérations générales sur la variété des vents.

Nous terminons cette première partie de notre ouvrage par des considérations générales sur les perturbations continuelles qui agitent l'atmosphère. Ces perturbations paraissent résulter des divers phénomènes dont nous venons de parler.

En effet, l'air étant en équilibre, c'est le soleil qui, en

échauffant les parties de l'atmosphère qui sont entre les tropiques plus que celles qui sont situées près des pôles, détermine les vents polaires; mais, une fois qu'il a mis l'air en mouvement, il n'exerce plus assez d'influence pour en diriger le cours d'une manière régulière, d'abord à cause des localités qui détournent les courants d'air polaires de leur direction naturelle; ensuite parce que l'intensité de ces courants est plus ou moins grande, selon qu'ils viennent d'une mer libre ou qu'ils prennent leur origine sur un continent; enfin, parce que cette intensité, qui varie avec les saisons, est rarement la même dans les deux hémisphères à la fois. Ces trois circonstances sont sans doute les principales causes qui empêchent les vents polaires de souffler constamment dans toutes les parties du globe, et, par suite, déterminent l'action des vents secondaires ou des contrecourants.

Le soleil, dont l'action est continue, tend toujours à ramener les vents à leur direction naturelle; mais son influence, qui n'est pas assez puissante, même entre les tropiques, pour produire un tel effet, diminue progressivement en allant vers les pôles. Il résulte de ces faits que les vents sont d'autant plus variables que l'on est plus éloigné de la zone torride.

Les plus grandes perturbations atmosphériques paraissent être occasionnées par la rencontre des vents secondaires de la zone torride et de la zone tempérée, qui sont extrêmement variables, avec les vents primitifs, qui ont toujours de la tendance à se rétablir.

Le mouvement diurne du soleil contribue aussi à faire varier les vents, surtout près des terres qui sont plus ou moins échauffées, selon la nature du terrain.

Lès variations que les vents primitifs ou naturels éprouvent, par suite des diverses influences dont nous venons de parler, paraissent être assujetties à une certaine règle; mais il n'en est pas ainsi des variations que ces mêmes influences exercent sur tous les vents secondaires. C'est probablement pour cette raison que le vent est d'autant plus variable que les vents secondaires soufflent plus fréquemment. Toutefois il convient d'ajouter que les vents secondaires de la zone torride sont plus réguliers que les vents tropicaux, et que ceux-ci le sont d'autant moins qu'ils se rapprochent plus des pôles.

Nous avons dit que les vents polaires et les vents tropicaux se déplaçaient de l'E. à l'O.; mais le déplacement ne se fait pas d'une manière régulière, même sur des parallèles au-dessous de 35°. Dans certaines localités, de même que près des côtes dont la direction se rapproche de celle des vents polaires et des vents tropicaux, la durée de ces vents est beaucoup plus longue qu'en pleine mer et que sur les côtes dont la direction est inclinée avec celle de ces mêmes vents. L'irrégularité de ces déplacements occasionne dans l'atmosphère des variations assez fréquentes, et même assez considérables, dont il serait très-difficile de donner toujours une explication très-satisfaisante.

Explication des cartes.

On a tracé, sur les deux cartes qui accompagnent cet ouvrage, des flèches indiquant la direction des courants d'air, au large des côtes, dans la supposition où ces courants suivraient tous une marche régulière.

L'une de ces cartes indique les vents qui dominent dans les parties les plus fréquentées de l'océan Atlantique, de la mer des Indes et du grand Océan, aux époques où les vents polaires de l'hémisphère austral ont acquis leur plus grande force, ce qui a lieu ordinairement depuis avril jusqu'en octobre; l'autre correspond à la saison opposée, durant laquelle les vents polaires de l'hémisphère boréal ont acquis leur plus grande intensité.

Les flèches n'indiquent pas des vents constants, mai

bien ceux qui soufflent pendant que les vents polaires sont dans leur plus grande force. Ils ne conservent ordinairement cette intensité que pendant trois jours. Dès qu'ils faiblissent, on voit tous les courants d'air éprouver des variations plus ou moins considérables, soit dans leur force, soit dans leur direction; après quoi ils se déplacent suivant la loi qui est indiquée dans l'ouvrage.

Voici, à peu près, d'après quel ordre ces directions ont été tracées :

HÉMISPHÈRE BORÉAL.	HÉMISPHÈRE AUSTRAL.
Celle des vents polaires, d'après la supposition qu'ils sont N. O. du côté des pôles, et qu'ils se rapprochent du N. et du N. E. à mesure qu'ils avancent vers le tropique.	Celle des vents polaires, d'après la supposition qu'ils sont S. O. du côté des pôles, et qu'ils se rapprochent du S. et du S. E. à mesure qu'ils avancent vers le tropique.
Celle des vents alisés du N., en admettant qu'ils soufflent du N. E., à l'endroit où les courants d'air polaires viennent se précipiter, et qu'ils se rapprochent de l'E. à mesure qu'ils s'éloignent du fil de ce courant.	Celle des vents alisés du S., en admettant qu'ils soufflent du S. E., à l'endroit où les courants d'air polaires viennent se précipiter, et qu'ils se rapprochent de l'E. à mesure qu'ils s'éloignent du fil de ce courant.
Lorsque les vents polaires n'ont pas une grande intensité, les vents alisés du N. soufflent de l'E. N. E. à l'E.; alors nous avons supposé qu'ils se rapprochaient d'autant plus de l'E. qu'ils étaient plus éloignés de leur limite N.	Lorsque les vents polaires n'ont pas une grande intensité, les vents alisés du S. soufflent de l'E. S. E. à l'E.; alors nous avons supposé qu'ils se rapprochaient d'autant plus de l'E. qu'ils étaient plus éloignés de leur limite S.
La direction des vents va-	La direction des vents va-

riables de la zone torride est indiquée d'après la supposition qu'ils tournent, à mesure qu'ils avancent vers le S., d'abord au N. N. E., au N. et au N. N. O., ensuite au N. O., à l'O. N. O. et à l'O.

On a supposé que les vents tropicaux, lorsqu'ils commencent à souffler à la limite N. des vents alisés, prennent la direction de l'E. S. E.; celle du S. E. un peu plus au N.; ensuite celle du S. S. E., du S., du S. S. O , du S. O. et de l'O. S. O. à mesure qu'ils approchent du pôle.

riables de la zone torride est indiquée d'après la supposition qu'ils tournent, à mesure qu'ils avancent vers le N., d'abord au S. S. E., au S. et au S. S. O., ensuite au S. O., à l'O. S. O. et à l'O.

On a supposé que les vents tropicaux, lorsqu'ils commencent à souffler à la limite S. des vents généraux prennent la direction de l'E. N. E.; celle du N. E. un peu plus au S.; ensuite celle du N. N. E., du N., du N. N. O., du N. O. et de l'O. N. O. à mesure qu'ils approchent du pôle.

Il nous eût été impossible d'indiquer les diverses variations auxquelles sont sujets tous les vents dont nous parlons; mais nous allons citer les plus remarquables.

HÉMISPHÈRE BORÉAL.

Les vents polaires peuvent varier du N. O. au N. E.

Les vents alisés, du N. E. à l'E.

Les vents variables de la zone torride, du N. à l'O.

Les vents tropicaux éprouvent des variations plus considérables. Près de la limite N. des vents alisés, ils commencent, avons-nous dit, à l'E. S. E.; ils deviennent en-

HÉMISPHÈRE AUSTRAL.

Les vents polaires peuvent varier du S. O. au S. E.

Les vents alisés, du S. E. à l'E.

Les vents variables de la zone torride, du S. à l'O.

Les vents tropicaux éprouvent des variations plus considérables. Près de la limite S. des vents alisés, ils commencent, avons-nous dit, à l'E. N. E.; ils deviennent en-

suite S. E. ; plus tard ils vien- suite N. E.; plus tard ils viennent au S., ensuite au S. O., nent au N., ensuite au N. O.,
pour sauter quelque temps pour sauter quelque temps
après au N. ou au N. E. ; après au S. ou au S. E. ;
mais les variations devien- mais les variations deviennent d'autant moins grandes nent d'autant moins grandes
que l'on s'éloigne de cette li- que l'on s'éloigne de cette limite; car, au milieu de la mite ; car, au milieu de la
zone tempérée, les vents ne zone tempéré, les vents ne
varient, à peu près, que du varient, à peu près, que du
S. S. O. au S. O.; plus près N. N. E. au N. O.; plus près
des pôles, ils peuvent ne va- des pôles, ils peuvent ne varier que du S. O. à l'O. 1/4 rier que du N. O. à l'O. 1/4
S. O. N. O.

A cause de ces diverses variations, nous ne nous sommes pas appliqué à donner exactement aux flèches, qui sont preque toutes courbes, les directions que nous avons indiquées; c'eût été un travail trop long et de peu d'utilité. Dans quelques cas même, nous n'avons pas suivi la règle générale, parce que les localités occasionnent quelques exceptions, qui se trouveront naturellement expliquées lorsque nous développerons le système, et que nous en ferons l'application à chacune des parties du globe en particulier.

Pour pouvoir apprécier quels sont les vents réglés qui peuvent souffler dans les diverses parties du globe, il faut supposer que les lieux occupés par les vents polaires le sont ensuite par les vents tropicaux, lesquels sont bientôt remplacés par les vents polaires, et ainsi de suite, en remarquant toutefois que les vents polaires doivent s'arrêter plus longtemps sur une des côtes, tandis que ce sont au contraire les vents tropicaux qui s'arrêtent plus longtemps sur la côte opposée.

Il faudra aussi supposer que, dans chaque saison, les limites des vents alisés des deux hémisphères peuvent se rapprocher ou s'éloigner de l'équateur, selon l'intensité des vents polaires, et que l'espace occupé par les vents variables de la zone torride diminue ou augmente dans le rapport que nous avons indiqué dans le cours de ce mémoire.

Les courants d'air polaires et tropicaux ne se déplacent pas d'une manière uniforme. L'irrégularité de leur déplacement occasionne dans l'atmosphère des perturbations qu'il est impossible d'indiquer sur les cartes.

Nous ferons une autre observation, indispensable pour ne pas être induit en erreur, sur la limite N. des vents alisés du N. et la limite S. des vents alisés du S. : c'est que ces limites sont beaucoup plus rapprochées de l'équateur au large des côtes qu'à l'occident et près des continents.

Le tableau suivant, extrait des journaux de 238 bâtiments qui ont navigué dans l'océan Atlantique septentrional, entre 18° et 30° de longitude O., indiquera quelles sont les variations que les limites des vents alisés des deux hémisphères peuvent éprouver.

Nous avons tiré ce tableau de l'ouvrage de Horsburg.

MOIS DE L'ANNÉE.	EN ALLANT DANS LE S. on a perdu les vents alisés du N. E. par la latitude de	EN REVENANT DANS LE N. on a repris les vents alisés du N. E. par la latitude de	MOYENNE.	EN REVENANT DANS LE N. on a quitté les vents alisés du S. E. par la latitude de	EN ALLANT DANS LE S. on a pris les vents alisés du S. E. par la latitude de	MOYENNE.	LARGEUR MOYENNE des vents variables de la zone torride.
Janvier.........	$5°$ à $10°$ N.	$3°$ à $6°$ N.	$6°$	$0°\frac{1}{2}$ N. à $4°$ N.	$2°$ à $4°$ N.	$2°\frac{1}{2}$N.	$3°\frac{1}{2}$
Février.........	$5°$ à $10°$ N.	$2°$ à $7°$ N.	$6°$	$2°$ S. à $3°$ N.	$0°\frac{1}{2}$ à $1°$ N.	$1°\frac{1}{4}$	$4°\frac{3}{4}$
Mars...........	$2°\frac{1}{4}$ à $8°$ N.	$2°$ à $7°$ N.	$5°$	$1°$ S. à $2°$ N.	$0°\frac{1}{2}$ à $2°\frac{1}{2}$ N.	$2°$	$3°0$
Avril..........	$4°$ à $9°$ N.	$4°$ à $8°$ N.	$6°\frac{1}{4}$	$2°$ S. à $2\frac{1}{2}$ N.	$0°$ à $2°\frac{1}{2}$ N.	$1°\frac{1}{2}$	$4°\frac{3}{4}$
Mai............	$5°$ à $10°$ N.	$4°\frac{1}{2}$ à $7°$ N.	$6°\frac{1}{2}$	$1°$ N. à $4°$ N.	$0°$ à $4°$ N.	$2°\frac{1}{4}$	$4°\frac{1}{4}$
Juin...........	$7°$ à $13°$ N.	$7°$ à $12°$ N.	$9°\frac{3}{4}$	$1°$ N. à $5°$ N.	$0°$ à $5°$ N.	$2°\frac{3}{4}$	$7°0$
Juillet........	$8°\frac{1}{2}$ à $15°$ N.	$11°$ à $15°$ N.	$12°$	$1°$ N. à $6°$ N.	$1°$ à $6°$ N.	$3°\frac{1}{4}$	$8°\frac{3}{4}$
Août..........	$11°$ à $15°$ N.	$11°$ à $14°\frac{1}{2}$ N.	$13°$	$3°$ N. à $5°$ N.	$1°$ à $4°$ N.	$3°\frac{1}{4}$	$9°\frac{3}{4}$
Septembre......	$9°$ à $14°$ N.	$11°$ à $14°$ N.	$12°$	$2°$ N. à $4.$ N.	$1°$ à $3°$ N.	$2°\frac{1}{2}$	$9°\frac{1}{2}$
Octobre........	$7°\frac{1}{2}$ à $13°$ N.	$8°\frac{1}{2}$ à $14°$ N.	$10°\frac{3}{4}$	$2°$ N. à $5°$ N.	$1°$ à $5°$ N.	$3°\frac{1}{4}$	$7°\frac{1}{2}$
Novembre.......	$6°$ à $11°$ N.	$7°$ à $10°$ N.	$8°\frac{1}{2}$	$3°$ N. à $4°$ N.	$3°$ à $5°$ N.	$3°\frac{3}{4}$	$5°\frac{1}{2}$
Décembre.......	$5°$ à $7°$ N.	$3°$ à $6°$ N.	$5°\frac{1}{4}$	$1°$ N. à $4°$ N.	$1°$ à $4°\frac{1}{2}$ N.	$2°\frac{3}{4}$	$2°\frac{1}{2}$

Nous ajouterons que le système ne s'applique pas aux vents qui règnent sur les continents, sur les îles et près des côtes. Il existe, entre ces points et la limite des vents réglés dont nous avons parlé, d'autres vents, qui sont eux-mêmes d'autant plus réguliers qu'ils soufflent plus près de la zone torride, mais qui dépendent de ceux qui règnent au large.

NOTE A.

—

Let vents polaires qui soufflent sur les côtes occidentales d'Amérique passent au-dessus des Cordilières, et parviennent sur ses côtes orientales.

Les coups de vents violents du S. O. à l'O. S. O. qui se font ressentir fréquemment depuis le mois d'avril jusqu'à celui d'octobre, à l'embouchure de Rio de la Plata, sont appelés *pamperos*, parce que les vents passent sur les plaines immenses appelées pampas par les naturels, qui commencent presque à la cime des Cordilières, et s'étendent en pente douce jusque sur le bord de la mer, aux environs de Buénos-Ayres.

Ces vents du S. O. à l'O. S. O. se forment absolument de la même manière que les vents polaires de l'hémisphère austral ; les mêmes circonstances atmosphériques les accompagnent : leur durée est comme celle des vents polaires, proportionnée à leur force, qui est très-grande pendant environ trois jours. Ils subissent ensuite les mêmes altérations que les vents polaires lorsque leur intensité commence à diminuer.

Nous allons citer les observations faites sur ces coups de vents par le capitaine Heywod, de la marine anglaise ; elles sont consignées dans l'ouvrage de Horsburg, et nous avons eu l'occasion d'en vérifier l'exactitude. Afin de faire saisir l'analogie qui existe entre les *pamperos* et les vents polaires, nous mettrons en regard ce que nous avons déjà dit sur la manière dont se forment les vents polaires sur les côtes occidentales d'Amérique.

Vents polaires sur la côte occidentale d'Amérique, entre le cap Horn et le parallèle de 40°.

CÔTE OCCIDENTALE D'AMÉRIQUE. — VENTS POLAIRES.	CÔTE ORIENTALE D'AMÉRIQUE. — PAMPEROS.
Si le temps se couvre pendant les calmes, qui ordinairement sont de peu de durée dans ces parages, la première brise qui s'élève vient la plupart du temps du N. au N. N. E.; elle fraîchit progressivement, la pluie commence à tomber et le	Avant les vents de S. O., ou pamperos, le temps est ordinairement très-incertain, les vents sont variables du N. au N. O., avec lesquels le mercure descend considérablement; mais il s'élève ordinairement un peu avant que le vent

temps devient brumeux, principalement près de terre. Le vent continue à prendre de la force, et, à mesure qu'il fraîchit, il passe au N. N. O. et au N. O.; alors la pluie diminue, le ciel commence à s'éclaircir. Lorsque le vent est venu au N. O., il ne tarde pas ordinairement à sauter à l'O. S. O., dans des grains quelquefois très-violents, et c'est alors que le vent a le plus de force. Toutes les fois que ces vents d'O. S. O. et à grains ont acquis une certaine durée, ils finissent par venir au S. O., et le temps s'embellit; ils passent ensuite, mais rarement, au S. S. O. et même au S. S. E.

tourne au S. O., et souvent il continue à s'élever, quoique le vent puisse augmenter de force.

Tandis que ces vents de S. O. soufflent, l'air est froid et l'atmosphère claire et élastique à un degré que l'on rencontre rarement dans toute autre partie du monde; ils sont généralement suivis de quelques jours d'un beau temps serein. Le vent, étant plus modéré, passe au S. et varie ensuite vers l'E.

Nous avons eu occasion de remarquer que les pamperos, lorsqu'ils commencent, sont à grains et très-pluvieux, mais seulement pendant quelques heures.

L'analogie qui existe entre les vents polaires et les vents de S. O., nommés pamperos, nous semble démontrer que ceux-ci sont des vents polaires.

Leur violence, leur densité, ainsi que leur température froide, paraissent indiquer qu'ils ont commencé près des pôles; s'il en est ainsi, ils doivent nécessairement passer au-dessus de la chaîne des Cordilières.

Les vents alisés du S. E. à l'E., qui soufflent dans l'océan Atlantique méridional, passent au-dessus des Cordilières, et parviennent sur les côtes du Pérou.

Les vents sont en général faibles sur toute l'étendue de la côte du Pérou, comprise entre le Mono-Mexillones (lat. S.) et Lima. Pendant le jour, ils soufflent de la partie du S., mais ils varient suivant la direction de la côte avec laquelle ils font ordinairement, du côté de la mer, un angle d'environ 22°. Dans les endroits où la côte court S. E. et N. O., les vents soufflent du S. S. E., et là où elle court N. et S. ils soufflent du S. S. O.; pendant la nuit il fait calme.

Des vents du S. à l'E.; mais soufflant avec plus d'uniformité que ceux dont nous venons de parler, se font sentir au large de la côte et à une distance sujette à varier. Sur le parallèle d'Arica, on ne les trouve quelquefois qu'à 30 ou 40 lieues de terre, souvent beaucoup plus près;

mais, à mesure qu'on s'avance dans le N., on les ressent à une plus petite distance de la côte; sur le parallèle de Lima, on les trouve à moins de 10 à 12 lieues de terre.

De temps en temps des vents frais de l'E. S. E. soufflent à la côte et dans les terres, pendant environ 3 jours, sans discontinuer.

Comment les vents du S. à l'E. parviennent-ils sur les côtes du Pérou ?

On serait d'abord porté à croire que les vents polaires, qui soufflent sur les côtes du Chili, tournent au S. et au S. E. en avançant dans le N., le long des côtes du Pérou ; mais les vents du S. à l'E. sont à peu près constants près de cette dernière côte, tandis que les vents polaires ne le sont pas sur celle du Chili ; il existe même une saison où les vents tropicaux du N. au N. O. y sont beaucoup plus fréquents que ceux du S. O. au S.

Si les vents polaires qui soufflent sur cette dernière côte formaient les vents alisés du S. à l'E., qui règnent à quelques lieues au large de la côte du Pérou, ils parviendraient nécessairement jusqu'au rivage, et ils auraient une certaine intensité ; mais, pendant les séjours que nous avons faits, en 1822 et 1823, sur les côtes situées au S. de Lima, nous n'avons jamais trouvé que de très-faibles brises, et nous ne connaissons qu'une circonstance où des vents du S. assez forts s'y soient fait ressentir.

La mer qu'ils avaient élevée près de terre était telle, que le vaisseau américain, *le Francklin*, courut quelques dangers au mouillage de Quilca.

Des circonstances semblables à celles que nous venons de citer doivent être bien rares ; car, malgré que les fonds soient mauvais sur la partie de côte dont nous parlons, il y a peu de parages où les bâtiments puissent être en plus grande sécurité.

Il existe une grande analogie entre les vents qui soufflent sur les côtes du Pérou, et ceux qui règnent sur les côtes occidentales d'Afrique, de la Nouvelle-Hollande, de Madagascar, ainsi que sur la côte du Malabar. Sur toutes ces côtes, les vents soufflent du large pendant le jour, de manière que leur direction forme ordinairement, avec celle de la côte, un angle de 22°. La nuit, il fait calme, ou bien la brise vient de terre ; à quelque distance de la côte, les vents alisés soufflent presque constamment.

De temps en temps, les vents alisés parviennent jusqu'au rivage des pays dont nous venons de parler ; on les ressent même dans les terres : alors ils soufflent sans interruption pendant environ trois jours.

Nous avons à peu près la certitude que les vents alisés du N. passent au-dessus des terres de l'Afrique septentrionale : que ceux qui soufflent sur les côtes du Coromandel parviennent sur celles du Malabar. Nous avons lieu de croire aussi que les vents alisés du S., qui soufflent sur les côtes orientales de Madagascar, parviennent sur les côtes occidentales ; nous avons cru pouvoir conclure, par analogie, que les vents alisés du S., qui soufflent dans l'océan Atlantique méridional, passent au-dessus des Cordilières, et parviennent sur les côtes du Pérou.

Les vents du S. E. à l'E. soufflent, pendant toute l'année, au large des côtes du Brésil, situées au N. du parallèle de 20° environ. Près de terre, ces vents éprouvent des variations. Les vents polaires du S. S. O. au S. S. E., qui, depuis le mois d'avril jusqu'au mois d'octobre, soufflent souvent sur le parallèle du cap Frio, atteignent celui de Fernambouc.

A la même époque, des vents d'O. règnent quelquefois, pendant environ trois jours, sur les côtes du Pérou ; nous pensons que c'est dans les circonstances où les vents polaires du S. S. O. au S. S. E., soufflent sur les côtes du Brésil, car alors ils ne prennent la direction du S. E. à l'E. que près de l'équateur.

En jetant un coup d'œil sur la carte, on voit que les vents du S. S. O. au S. S. E. ne peuvent pas passer au-dessus des Cordilières, dont la direction est presque S. E. 1/4 S., et N. O. 1/4 N., entre les parallèles de 18° et de 6° S. Les vents d'O. qui soufflent sur les côtes du Pérou sont alors les contre-courants des vents alisés du S., qui soufflent constamment, et avec régularité, à environ 140 lieues de la côte.

Depuis le mois d'octobre jusqu'à celui d'avril, les vents de l'E. au N. E. se font ressentir près des côtes du Brésil ; nous avons lieu de croire que ces vents, qui sont ordinairement modérés, n'ont lieu qu'à la surface, et que ceux du S. E. à l'E., qui soufflent au large de la côte, continuent à souffler dans les couches supérieures de l'atmosphère.

<hr>

NOTE B.

Notes sur les vents polaires.

Les premières observations qui m'ont fait remarquer la marche régulière des vents polaires sont celles que j'ai faites, en 1822 et 1823.

à bord de la frégate *la Clorinde*, sur les côtes occidentales de l'Amérique méridionale. Elles sont consignées dans les tables de loch de ce bâtiment, mêmes années, et le résultat est imprimé dans une brochure publiée par le Dépôt général de la marine; son titre est : *Instruction sur les côtes du Pérou.*

Après avoir observé comment se formaient les vents polaires sur les côtes occidentales de l'Amérique méridionale, j'ai consulté les journaux de mes campagnes précédentes ; ceux des navigateurs qui ont publié leurs ouvrages, plusieurs tables de loch, et j'ai trouvé: 1° que, dans toutes les mers, les vents polaires se formaient d'une manière analogue, et à peu près comme je l'ai indiqué dans mon ouvrage; 2° qu'ils inclinaient vers l'O. en approchant la zone torride ; 3° qu'ils prenaient la direction du N. E. à l'E., ou du S. E. à l'E., d'autant plus vite que ces vents étaient modérés, et qu'au contraire ils prenaient cette direction d'autant plus lentement que ces vents avaient plus d'intensité.

Je vais d'abord citer quelques extraits de mes journaux, ensuite indiquer ceux des navigateurs dans lesquels on trouvera des faits à l'appui de ce que j'avance.

Hémisphère boréal. — Océan Atlantique.

J'ai observé sur la rade de Brest, pendant plusieurs années, que les vents sautaient de l'O. S. O. à l'O. N. O.; que ces derniers étaient à grains ; que le temps s'embellissait lorsqu'ils passaient au N. O. J'ai fait quelques observations à peu près semblables à Paris ; à Brest, comme à Paris, les vents à la suite des calmes, commencent à souffler de la partie du S. au S. S. E., et passent ensuite au S. S. O. et au S. O.

Traversée de Rochefort à la Martinique, et retour à Brest.
Vaisseau *le Marengo;* 1814 et 1815.

Le 6 novembre 1814, après 10 heures de faibles brises, qui varièrent du S. E. au S. et au S. S. O., les vents soufflèrent de l'O., et, peu de temps après, du N. N. O., bon frais.

Latit. N, 35° 25.
Long. O. 19° 40.

En avançant dans le S., le vaisseau trouva les vents N., ensuite ceux du N. N. E. ; ils étaient très-frais : ils conservèrent cette direction pendant trois jours.

Le 13 novembre 1814. — Après quelques heures de calme, les

vents s'élevèrent de la partie du S. S. O.; ils varièrent ensuite au S. O. et à l'O. S. O. Après deux jours de durée, ils tournèrent à l'O. 1/4 N. O.; ils soufflèrent de cette direction pendant 5 heures, et prirent successivement celle du N. O. et du N.; ils étaient très-modérés.

Latit. 27° 25' N.
Long. 23° 10' O.

Ces vents passèrent dans peu de temps au N. N. E. et au N. E.

Janvier 1815. — Parti de la Martinique le   janvier, avec des vents de N. E., nous trouvâmes :

Par 17° de latit. N., et par 62° 15' de longit. O., des vents de N. N. E.;

Par 17° de latit. N., et par 61° 16' de longit. O., des vents de N.;

Par 17° 51' de latit. N. et 59° 17 de long. O., des vents de l'O. N. O. variables au N. O.

Traversée de Brest à Terre-Neuve; juin 1816.
La frégate *la Cybèle.*

Le 17 juin. — Après 12 heures de calme, la brise s'élève de la partie du S. S. E.; elle passe successivement au S., au S. S. O., et à l'O. S. O.; elle vient ensuite à l'O. N. O.

Latit. 45° N.
Long. 40° O.

Le 24 juin. — Après 7 heures de calme, faible brise du S. E., variant au S. S. O. et au S. O. en fraîchissant successivement. Le 25 juin, à 6 heures du soir, le vent passe au N. et varie au N. N. E.

Latit. 45° 50' N.
Long. 55° 00' O.

Du 2 au 9 octobre, entre les parallèles de 50° et 45° 37' N., sur le méridien de 56° O., pendant trois fois différentes, les vents, à la suite de calmes, ont commencé au S., tourné au S. O., et sauté ensuite au N. O.

Depuis la latit. de 45° 37 N.,
et la long. de 55° 48,

jusqu'à Brest, les vents ont varié de l'O., N. O. au N.

Traversée de Rochefort aux Indes orientales; juin et juillet 1821
La corvette *la Zélée.*

Parti de Rochefort le 29 juin 1818, avec des vents de N. qui ve-

naient de s'établir ; le lendemain ils étaient au N. E. Ils varièrent à l'E.
N. E. et à l'E.; par 41° 20 de latit. N , et par 13° 30′ de long. O., les
vents varièrent au N. N. O. et N. O. Après avoir dépassé le parallèle du
détroit de Gibraltar, les vents passèrent au N. N. E. et au N. E.

Traversée de Brest à la mer du Sud, côtes occidentales d'Amérique.
La frégate la Clorinde; 1821.

11 août 1821.—Vents faibles de l'O. N. O., tournant, dans l'espace
de 12 heures, au N., N. N. E., N. E. et à l'E.

Latit. 37° 15′ N.
Long. 14° 25′ O.

Les vents d'E. sont modérés; ils prennent de l'intensité en variant
deux jours après au N. E. et au N. N. E.

Latit. 33° de latit. N.
Long. 17° de long. O.

Treversée de Brest à Caïenne; février 1825.
La goëlette la Lyonnaise.

Le 18 février 1825. — Nous faisons route au S. O. avec des vents de
l'O. N. O., qui durèrent 10 heures, par

Latit. 37° N.,
Long. 15° 45 O.

Les vents sont très-modérés de la partie N.; 10 heures après, ils
soufflent de l'E. N. E.
Le 20 février, les vents étaient à l'E., ils tournèrent au S. E. dans la
matinée par

Latit. 35° N.
Long. 18° O.

Ils conservèrent à peu près cette direction jusques à l'après-midi
du lendemain ; alors ils commencèrent à varier, et ils passèrent successivement au S. S. E., S., S. S. O. et S. O., par

Latit. 32° 15 N.,
Long. 20° 50′ O.

Le 22 , aux environs de midi, les vents passèrent à l'O. N. O.; avant
le coucher du soleil ils étaient N. N. O.; ils devinrent N. N. E. pendant
la nuit; ils ne dépassèrent pas le N. E. jusqu'à Ténériffe.

Traversée de Brest à Norfolk , États-Unis d'Amérique.
Le brick *l'Alcibiade*; octobre et novembre 1828.

Le 17 octobre. —Après 2 heures de calme, la brise souffle du S. S. O.

Latit. 41° 10' N.
Long. 17° 30' O.

Faible d'abord, elle fraîchit successivement en se rapprochant du S. O. et de l'O. S. O. Après 36 heures de durée, le vent passe de l'O. S. O. à l'O. N. O.; il est d'abord modéré ; il fraîchit en variant au N. N. O.

Le 20 octobre. —Après quelques heures de calme, les vents s'élèvent du S. S. O.

Latit. 37° 15' N.,
Long. 23° 00' O.

Ils passent successivement au S. O., sautent au N. O.; bientôt ils sont N. E., ils viennent ensuite à l'E. et au S. E.; ils soufflent de cette direction jusqu'au 25 octobre, par

34° 5' de latit. N.
31° 0" de long. O.

Là , ils passent au S. S. O.; quelques heures après ils viennent au N. Les vents ont varié successivement au N. N. E., au N. E. et à l'E., ensuite au S. E. et au S. S. E.

Le 28 octobre, à midi. — Les vents du S. sautent à l'O. S. O., et bientôt après à l'O. N. O., dans des grains très-violents; ils deviennent ensuite N. E.

33° 27' de latit. N.
39° 00' de long. O.

Le 4 novembre, les vents varient à l'E. et à l'E. S. E.

Latit. 34° 18' N.
Long. 64° 40' O.

Ils tournent ensuite au S. et au S. O., par

Latit. 36° 19' 00 N.
Long. 70° 52' O.

Le 6 novembre, les vents sautent du S. O. à l'O. N. O. dans un grain extrêmement violent ; ils deviennent ensuite N. N. O. et N.

Je cite, dans le cours de l'ouvrage, deux autres faits, l'un sur la route de Norfolk à Saint-Domingue ; l'autre de Pensacola à la Havane. Dans la première circonstance, les vents polaires étaient forts ; ils ont tourné lentement au N. et au N. E. Dans la seconde, au contraire, ils étaient modérés ; aussi ont-ils passé, dans l'intervalle de 24 heures, du N. au N. E. et à l'E.

La Melpomène, de Toulon à Brest ; octobre 1830.

Pour sortir du détroit de Gibraltar, vents d'E. ; 24 heures après nous trouvons les vents du N.

Le 15 octobre. — Vents d'E. N. E., par

42° 00' de latit. N.,
17° 15' de long. O.

Les vents se rapprochent du N. à mesure que nous augmentons de latitude ; ils sont :

N. O. par 43° 15',
O. N. O. par 44°.

Nous les trouvons de l'O. S. O. à l'O. par 45° de latitude, à peu près sur le méridien du cap Finistère.

De Brest à la Martinique ; novembre 1833.
La frégate *l'Atalante*.

Le   novembre 1833. — Vents très-forts du N. N. O., par

29° 10' de latit. N.,
27° 00 de long. O.

Après 48 heures de durée, ils faiblissent un peu et ils se rapprochent du N. et du N. N. E.

Ils sont N. E. par

21° de latit. N.,
37° de long. O.

Ces vents faiblissent en se rapprochant de l'E.

De la Jamaïque à la Martinique.

Le 27 novembre 1834. — Bon frais du N. au N. N. E., par

17° 15' de latit. N.,
72° 14' de long. O.

Les vents ne sont fixes au N. E. que par

16° 30' de latit. N.,
69° 00' de long. O.

Ils mollissent ensuite un peu en se rapprochant de l'E.

De Brest à la Martinique.
Le vaisseau *le Jupiter*; février 1830.

5 février, à Brest. — Vents du N. E., variant au N. N. E.; ils passent au N., N. N. O. et N. O., en avançant dans l'O. par

Latit. 42° 55' N.,
Long. 13° 45' O.

Les vents viennent N. N. E., ensuite E. N. E. en diminuant de latitude.

Traversée de Gibraltar à la Martinique; 1838.
La corvette *la Caravane.*

Le 12 septembre. — Vents du N. E. à l'E. N. E. dans le détroit; le 13, ils sont N. N. O., et varient jusqu'au N. O. par

35° 11' latit. N.,
10° 6' long. O.

A partir de ce point, ils varient d'une manière irrégulière à l'O., au S. O. et au S. S. O.
Le 17 septembre, ils sont du N. N. O. au N., par

32° 19' latit. N.,
13° 00' long. O.

Le 1ᵉʳ octobre. — Vents de S. E. variables au S., au S. O., et ensuite au N. O. et au N.; faibles.

Latit. 20° 41' N.
Long. 41° 00 O.

Le 2 octobre. — Vents d'E. faibles.

(Voir traversée de Véra-Crux à la Havane; traversée de la Havane à la Martinique. D'Entrecasteaux, septembre 1791, p. 522.)

M. le vice-amiral Roussin. — *Pilote du Brésil*, de Brest à Ténériffe.

Les vents de S. E. passent au N. O., p. 233.

Latit. 47° 56 N.
Long. 11° 6' O.

Ils passent ensuite au N. et N. N. E., en avançant dans le S.

Vents polaires. — Grand Océan septentrional.

Lapérouse, pages 345, 305, 307, 309, 311 ; — Portlock et Dixon, 1785, etc. page XX, deux exemples.

Appendice XXIV, deux exemples.

Page xxv ;

Pages xxviixxviii.

1779. — Cook, 4ᵉ vol., pages 514 et 515 ; mer des Indes, page 518.

1836. — *La Bonite*, pages 282, 283.

Hémisphère austral. — Océan Atlantique. — Vents polaires.

1826. — Bougainville, tom. II, page 155, exemple remarquable ;

page 157, *idem.*

1822. — Duperrey, page 13*, *Obs. météor.* ; deux exemples ;

page 25, trois exemples ;

page 117* et 119*, 121.

1836. — *La Bonite,* pages 46 et 47, 63, 64, 72, 86.

Horsburg, page 2. — Lorsque les vents variables du N. E. au N. O. sont accompagnés d'un temps sombre, ils sautent au S. O. ou au S.

En janvier 1800. *Le Bristol,* de la marine royale anglaise, filait de 10 à 11 nœuds, quand, dans un grain, les vents sautèrent du N. O. au S. S. O.

Page 3. — *Le Caron,* bâtiment de commerce anglais, eut des vents de N. O. qui furent remplacés par des calmes ; à la suite des calmes, les vents polaires s'élevèrent spontanément du S. S. O., varièrent au S. et au S. S. E.

Les pamperos, dans Rio de la Plata, sont des vents polaires. Voici comment le capitaine Heywood, de la marine royale, dit qu'ils se forment :

Avant les vents de S. O., le temps est ordinairement très-incertain ; les vents sont variables du N. au N. O., avec lesquels le mercure descend considérablement ; mais il s'élève ordinairement un peu avant que le vent tourne au S. O.

Ces vents de S. O. sont généralement suivis de quelques jours de beau temps ; le vent, étant plus modéré, passe au S., et varie ensuite vers l'E.

M. le vice-amiral Roussin. — *Pilote du Brésil.*

Page 47. — En général, plus on avance dans le S. en suivant la côte, plus on trouve que les vents s'approchent aussi du S. et de l'O. dans la saison des pluies.

Traversée de Gorée au cap de Bonne-Espérance.
La corvette *la Zélée*; 1818.

Le 17 septembre. — Vents d'E., forte brise, à midi,

Latit. 23° 24' S.
Long. 30° 18' O.

Le 18 les vents passent à l'E. N. E. au coucher du soleil.

Vents polaires. — Grand Océan méridional.
Lapérouse. — De Talcaguana à l'île de Pâques; avril 1786.

Vents de S. au S. S. O., variant au S. S. E., au S. E. et à l'E. S. E., à mesure qu'on diminue de latitude; page 285.

Mer des Indes, t. II. —Bougainville, 1824. Page 111; deux exemples :

Nouvelle-Hollande.— ......*Idem*......Page 139.

De Port-Jackson à Valparaiso.—..*Idem*..Page 145; deux exemples;
Page 147;
Page 149.

Départ de Valparaiso.—....*Idem*......Pages 151 et 153;
Page 155.
L'Astrolabe, 1828. Page 131; deux exemples.
Page 137.

1773. — Cook, tom. IV, page 231.

1777.—...*Idem*......page 490.

1822. — Duperrey, page 25*, *Obs. météor.*;
Page 31*;
Page 49*.

1836.—*La Bonite*, pag. (101, 102), 106, 111, 120 (147, 148, 149).

Horsburg, page 84. — Au large de la côte S. de la Nouvelle-Hollande, la brise s'élève au N. O.; elle est accompagnée de brume et de pluie; les vents, en augmentant de force, passent graduellement à l'O., et, dès qu'ils prennent un peu du S., le temps commence à s'éclaircir.

C'est quand ils sont S. O. que le coup de vent éclate dans toute sa force, alors le baromètre commence à monter; dès que les vents ont atteint le S. et le S. S. E., ils se modèrent, etc.

Instructions sur les côtes du Pérou, publiées en 1824, par le Dépôt général de la marine.

Des vents entre le cap Horn et le parallèle de 40°.

Page 7. — Si le temps se couvre pendant les calmes, qui sont ordinairement de peu de durée, la première brise qui s'élève vient la plupart du temps du N. au N. N. E.; elle fraîchit progressivement, la pluie commence à tomber et le temps devient brumeux, principalement près de terre. Lorsque le vent est venu au N. O., il ne tarde pas ordinairement à sauter à l'O. S. O. dans des grains quelquefois très-violents; d'autres grains succèdent ensuite rapidement, et c'est alors que le vent a le plus de force. Toutes les fois que ces vents d'O. S. O. et à grains ont acquis une certaine durée, ils finissent par venir au S. O., et le temps s'embellit; ils passent ensuite, mais rarement, au S. S. O. et au S. S. E. Ces dernières variations extrêmes ont lieu particulièrement près de terre et dans le S. O. du cap Horn.

Plan de la baie de Valparaiso, par M. Dupetit-Thouars, capitaine de vaisseau.

Les vents régnant de septembre en avril sont du S. S. E. au S. S. O. et S. O.

Pendant l'hiver, les vents sont variables; lorsqu'ils sont du N. E. au N., ils sont accompagnés de pluie et de brume; s'ils fraîchissent au N., ils passent au N. O. dans les grains, puis à l'O., et de là vers le S., ce qui ramène le beau temps.

La frégate *la Clorinde*; 1822.

Le 8 février, par

$$57° 31' 30'' \text{ latit. S.,}$$
$$71° 56' 00'' \text{ long. O.,}$$

les vents de S. se sont élevés à la suite de 6 heures de calme; ils varient au S. S. O. et au S. O.; le 14 février, par

$$43° 37' \text{ latit. N.,}$$
$$78° 15' \text{ long. O.,}$$

les vents passent à l'O., au N. O. et au N. N. O.

Le 16 février, à 4 heures du matin, les vents sautent du N. O. au S. O.

Latit. 42° 30' N.
Long. 75° 00' O.

Le 17, près de Valdivia, les vents reviennent au N. O. en passant par l'O.

Le 17 février au 10 mai 1822, sur la rade de Valdivia, les vents commencent au N., tournent au N. O., ensuite au S. O. et au S. S. E., pendant trois fois.

Partis de Valdivia le 14 mai, avec des vents du N. N. E. au N., qui se sont élevés à la suite de quelques heures de calme, les vents tournent au N. O., ensuite au S. O.; faible brise.

Le 15, les vents du N. reprennent en fraîchissant progressivement; le 16, ils sautent du N. au S. S. O., ils se rapprochent successivement du S. et du S. S. E. en approchant de Valparaiso.

Les observations faites sur la rade de Valparaiso, à bord de la frégate *la Clorinde*, donnent les mêmes résultats que celles faites par M. Dupetit-Thouars; c'est-à-dire qu'à la suite des calmes la brise s'élève du N. au N. N. E., varie au N. O., ensuite au S. O., au S. et au S. E.

Traversée de Valparaiso à Arica, le 2 juillet.

Calme d'abord, N. E. 1/4 N., N. N. O., N. O.; le 3, à 7 heures du matin, les vents sautent au S.

Latit. 32° 25' 00 S.
Long. 71° 20' 00 O.

Dans l'après-midi, les vents tournent à l'E. S. E.; le calme leur succède, et la brise reprend du N. au N. O.; elle revient ensuite au S. S. O. et au S. O.

De Quilca à Valparaiso; décembre 1822.

Vents de S. E. au S. S. E.; ils halent le S. et le S. O. à mesure que la frégate avance dans le S.

De Valparaiso à Arica, le 4 février.

Parti de Valparaison avec des vents d'O. variables au N. O.; à 8 heures du soir ils sont S. S. O., et ils se rapprochent du S. E. à mesure que nous avançons dans le N.

NOTE C.

—

Sur les maladies occasionnées par les vents secondaires.

Ces maladies existent presque constamment sur les côtes occidentales d'Afrique et d'Amérique situées près de l'équateur, à Sumatra,
à Java et à Bornéo, où les vents secondaires de la zone torride dominent pendant la plus grande partie de l'année.

Elles ne se déclarent que momentanément à Madagascar, à la côte
septentrionale d'Afrique, à la côte Ferme, à l'isthme de Panama, à la
côte de Honduras, au Yucatan, sur les côtes du Mexique et à la Nou-
velle-Orléans, pays où les vents secondaires ne dominent que pendant
une saison. Elles cessent ou diminuent considérablement quelque
temps après que les vents secondaires ont été remplacés par les vents
primitifs.

Aux îles de Cuba, de la Jamaïque et de Saint-Domingue, il existe
toujours des maladies d'un très-mauvais caractère pendant l'hivernage, époque à laquelle les vents variables de la zone torride parviennent fréquemment à ces îles.

Les vents tropicaux soufflent quelquefois dans la belle saison à l'île
de Cuba; et, quoiqu'ils ne soient pas aussi malsains que les vents variables de la zone torride, ils n'en occasionnent pas moins des maladies
qui deviennent extrêmement graves et dégénèrent presque toujours en
fièvre jaune. Ces maladies diminuent considérablement, ou même
cessent, aussitôt que les vents primitifs remplacent les vents secondaires.

Le 6 mai 1839, nous entrâmes dans le port de la Havane, ayant
quelques hommes attaqués de fièvre pernicieuse et de fièvre jaune que
nous avions prises à la Martinique. Trois malades avaient déjà suc-
combé; du 6 au 19 trente cas de fièvre jaune se déclarèrent. Le temps
était très-variable; les vents alisés de l'E. N. E. à l'E. S. E. alternaient
avec les vents variables secondaires du S. au S. O. Aucun de ces nouveaux
cas ne s'est manifesté pendant la durée des vents alisés; lors même qu'ils
soufflaient pendant 48 heures, les malades se rétablissaient; mais, aussitôt qu'ils étaient remplacés par les vents du S. au S. O., nous perdions
quelques hommes, les convalescents avaient des rechutes, et nous
avions jusqu'à sept nouveaux cas par jour.

La fièvre jaune n'avait pas paru à la Martinique et à la Guadeloupe
depuis 1827. Elle s'est déclarée à cette dernière île au commencement
de l'hivernage de 1838; elle ne se manifesta à la Martinique qu'à la

fin d'octobre. Les vents variables de la zone torride avaient soufflé aux Antilles depuis juillet jusqu'en octobre. Ils y ont dominé, en 1839, pendant une partie de la belle saison ; aussi, les fièvres pernicieuses ou la fièvre jaune ne cessèrent-elles de sévir sur les Européens et même sur les créoles, en diminuant cependant d'intensité toutes les fois que les vents alisés avaient quelque durée.

Ces maladies existaient en même temps dans les îles anglaises, et là, comme dans nos colonies, elles avaient changé plusieurs fois de caractère et reçu diverses dénominations.

L'expérience démontre que la fièvre jaune ne cesse pas entièrement à la Martinique et à la Guadeloupe aussitôt que les vents alisés ou primitifs acquièrent quelque intensité; cependant elle y devient alors beaucoup moins grave.

La Guyane et les côtes septentrionales du Brésil, quoique situées sur l'équateur, ou du moins très-près, sont exemptes de toute maladie endémique. Il est vrai que les vents secondaires n'atteignent que très-rarement cette partie de l'Amérique.

Les vents polaires et les vents alisés, lorsqu'ils ont une grande intensité, occasionnent des maladies d'une nature différente; elles sont déterminées par des transitions subites de température, dont on peut, du reste, se garantir. Dans ces circonstances atmosphériques l'air est froid à l'extérieur, tandis que dans l'intérieur des habitations il conserve une température plus élevée; mais c'est surtout dans les pays chauds et à bord des bâtiments que l'effet de la différence de température est sensible. Lorsque les vents sont forts, on est ordinairement obligé de fermer la plus grande partie des issues par lesquelles l'air pourrait se renouveler : aussitôt qu'on pénètre dans les parties du bâtiment qui ne sont pas en plein air on entre en transpiration, et, si l'on ne prend pas quelques précautions en retournant au grand air, la transpiration peut être supprimée. De là résultent les maladies qui règnent sur les côtes du Brésil, dans la saison où les vents polaires y soufflent fréquemment avec intensité, c'est-à-dire depuis le mois d'avril jusqu'à celui d'octobre. Alors ces vents conservent sur ces côtes la direction du S. S. O. au S. S. E. jusque sur le parallèle de 10° S., et ils sont toujours pluvieux jusqu'à ce qu'ils aient pris la direction du S. E.

Les maladies désignées par M. le vice-amiral Roussin, dans son excellent ouvrage *le Pilote du Brésil*, telles que rhumes opiniâtres, dyssenterie et fièvres bilieuses, existent réellement dans ce pays, pendant la saison pluvieuse; mais, ainsi que nous l'avons dit, on peut s'en préserver par des précautions que les marins et les personnes obligées de travailler ne peuvent pas toujours prendre.

NOTE D.

Observations qui ont conduit à connaître la cause des vents variables de la zone torride, appelés moussons du N. O. et du S. O., dans les mers de l'Inde.

Le 18 juillet 1818, la corvette *la Zélée*, sur laquelle j'étais embarqué, mouilla sur la rade de Saint-Louis, côte du Sénégal; elle fut ensuite à l'île de Gorée. Depuis le jour de notre arrivée à Saint-Louis jusqu'à notre départ de l'île de Gorée, qui eut lieu le 13 août, nous eûmes les vents de S. O. interrompus quelquefois par des calmes, mais rarement par les vents alisés.

Nous quittâmes Gorée avec des vents d'O., qui se rapprochèrent du S. à mesure que nous avancions vers l'équateur.

Le 30 août, les vents étaient au S. O., par

> 5° 15′ de lat. N.,
> 15° 25′ de long. O.

Le 31, ils étaient S. S. O., par

> 4° 00′ de lat. N.,
> 14° 25′ de long. O.

Le 1ᵉʳ septembre, ils étaient au S., par

> 3° 20′ de lat. N.,
> 12° 54′ de long. O.

Le 2 septembre, les vents soufflaient du S. S. E., par

> 2° 34′ de lat. N.,
> 14° 5′ de long. O.

Le 4 septembre, nous avions les vents alisés du S., par

> 0° 45′ de lat. N.,
> 17° 30′ de long. O.

Le 29 mai 1819, nous quittâmes Mascat; la mousson du S. O. était bien établie; des vents très-frais de l'O. au S. O. nous conduisirent promptement sur le parallèle de la pointe méridionale de l'île de Ceylan, par 72° de longitude E. Là nous trouvâmes des vents de S. O., près de l'équateur, des vents de S. S. O.; sur l'équateur même, des vents de S.; enfin sur le parallèle de 6°, nous trouvâmes les vents alisés du S. S. E. au S. E.

Nous avions aperçu une assez grande analogie entre les deux observations que nous venons de citer, pour supposer que la même cause devait produire les vents de S. O. qui soufflent en même temps sur les côtes occidentales d'Afrique et dans les mers de l'Inde.

Dans le mois de septembre 1821, nous étions, avec la frégate *la Clorinde*, par 9° de lat. N.,
21° de long. O.,

avec des vents variables du S. O. au S.

Le 10, ils varièrent du S. S. O. à l'O.

Depuis ce jour, les vents se rapprochèrent du S. et du S. S. E. à mesure que nous avancions dans le S.

Ils ne se fixèrent au S. S. E. que le 18 septembre, par
4° 42' de lat. S.,
21° 3' de long. O.

Le lendemain, ils varièrent au S. E.

Nous n'avions aucune donnée sur les vents qui dominent sur les côtes occidentales d'Amérique ; nous consultâmes le voyage de Vancouver, et nous supposâmes, d'après les observations que nous allons citer, que les vents de S. O. soufflaient sur ces côtes comme sur celles d'Afrique et dans les mers de l'Inde.

Vancouver a trouvé des vents de S. O. plus au S. du 17 au 20 janvier 1795, sur le parallèle de 5° 20' N.

Le 26 janvier, il avait des vents de S. O. à l'île des *Cocos*; ensuite des brises variables du S. ¼ S. O. au S. E. par 2° 35' de lat. N.

Le 8 février, sur l'équateur même, il rencontra des vents de S. S. O.

Le 9, par 0° 44' de lat. S.,
92° 00' de long. O.,

les vents varièrent du S. au S. E.; ce ne fut que par une latitude plus S. qu'il trouva les vents généraux du S. E.

Pendant une campagne de dix-huit mois sur les côtes du Chili et du Pérou, j'ai eu occasion de consulter quelques capitaines qui avaient fait plusieurs voyages à Panama, à Acapulco et sur les côtes de la Californie : tous m'ont assuré que, depuis le mois d'avril jusqu'au mois d'octobre, les vents soufflaient du S. au S. S. E. sur l'équateur, et qu'ils trouvaient les vents plus O. à mesure qu'ils avançaient dans le N.

Les observations météorologiques faites à bord de la corvette *la Bonite,* dans les mois d'août et septembre 1836, confirment l'opinion que j'avais conçue que les vents variables de la zone torride se forment sur les côtes occidentales d'Amérique de la même manière que sur celles d'Afrique et dans les mers de l'Inde.

La Bonite est le seul bâtiment qui ait fait des observations météorologiques sur les côtes occidentales d'Amérique ; ce sont du moins les seules que nous connaissions.

Nous renvoyons, pour la mousson du S. O., à quelques voyages, à l'ouvrage de Horsburg et à plusieurs tables de loch déposées au dépôt général de la marine.

Mousson du N. O.

Nous partîmes de Bourbon, sur *la Zélée,* le 29 janvier 1819, pour nous rendre à Bombay. Nous fîmes route pour atteindre le plus promptement possible le parallèle de 4° S., sur lequel on trouve ordinairement les vents de N. O. depuis le mois de novembre jusqu'à celui d'avril.

Le 3 février, les vents généraux de l'E. S. E. cessèrent sur le parallèle de 10° 50' de lat. S.
et par 54° 10' de long. E.

Jusqu'au 15 février nous eûmes des intervalles de calme et de faibles brises de toutes les directions.

Nous trouvâmes enfin les vents de N. O. assez frais, par

3° 40' de lat. S.,
65° 30' de long. E.

Les vents nous conduisirent jusque par

2° de lat. S.,
84° de long. O.

Le 24 février, nous eûmes des calmes ou de faibles brises de toutes les directions.

Pendant que nous naviguions avec des vents frais du N. O., un officier, qui avait fait plusieurs campagnes dans les mers de l'Inde, nous disait qu'il eût été préférable d'aller sur le parallèle de 2° à 4° N., assurant qu'on y trouverait des vents très-frais du N. au N. N. E., accompagnés de beau temps ; que les caboteurs de l'Ile-de-France suivaient cette route lorsqu'ils allaient à Pondichéri, etc., pendant la mousson du N. E.

J'ai trouvé dans Horsburg la confirmation de ce fait.

Horsburg, page 140, dit que, près de Java, les vents de la mousson de l'O. varient souvent au N. N. O. — Page 153 : que, par 3° ou 4° de lat. N., on rencontrera probablement des vents de N. — Il cite aussi, page 156, un bâtiment qui, le 29 février 1800, rencontra sur l'équateur des vents variables du N. N. E. au N. N. O., par 68° de long. E. Si les vents soufflent du N. à l'O. au S. de l'équateur, que ceux du N. N. E. au N. N. O. dominent au N. et près de l'équateur, et qu'en même temps les vents soufflent de l'E. N. E. dans le golfe du Bengale, dans les mers de Chine et dans la mer d'Arabie, ce qui paraît à peu près démontré, nous avons pu en conclure que les vents alisés de l'E. N. E. tournent au N. à mesure qu'ils approchent l'équateur, et ensuite au N. N. O., au N. O. et à l'O. en avançant dans le S.

Nous n'avons que très-peu d'exemples à citer : peu de navigateurs, du moins de ceux qui ont publié leurs voyages, ont traversé les mers de l'Inde pendant la mousson du N. O.

Cook, en se rendant de Macao au cap de Bonne-Espérance, a trouvé des vents de l'E. N. E., qui ont varié au N. en approchant l'équateur, ensuite au N. O. et à l'O. en avançant dans le S. Le capitaine Dixon a rencontré à peu près les mêmes vents que Cook en faisant la même route ; mais, à cause des îles nombreuses près desquelles ils sont passés tous les deux, les vents, dans ces variations, n'ont pas suivi une marche aussi régulière que celle que nous indiquons. Nous trouvons, dans le voyage de Lapérouse, un exemple extrêmement remarquable par la manière régulière dont se forment les vents de N. O., lorsque les vents alisés ne sont pas gênés dans leur cours, et que les terres n'empêchent pas les vents variables de la zone torride de suivre leur impulsion : nous citons cet exemple dans le cours de l'ouvrage.

Mousson du S. O.

Laplace, page 370.

Bougainville, 1824, page 115, *Observations météor.*, tom. II.

Duperrey, 1823. — Par 128° de long. E., page 61*. — 170° de long. E., page 91*.

Horsburg, page 133. — En quittant les vents généraux, on aura souvent des vents très-variables ; mais ils seront en général du S. S. O. au S. E. — *Mers de Java.* — Page 152. *L'Anna*, le 22 août 1792, perdit les vents de S. E. par 1° 30' S. et 65° de long. E. ; là elle trouva des brises variables du S. Ce bâtiment eut ensuite des vents de toute la partie S. pendant deux jours ; il rencontra la mousson du S. O. dans toute sa force par 4° N.

La corvette de charge *l'Isère*. — Juillet 1836 ; de l'île de Bourbon à Pondichéry. Journal n° 10.

La Moselle. — Septembre 1821; de l'île de Bourbon à Mascat. Journal n° 13.

Amphitrite, frégate. — Septembre 1816, de Bourbon à Pondichéry. Vents d'E. S. E. jusque par 6° S.; S. E. jusque par 3° S.; ensuite les vents varient au S. S. E., au S., au S. S. O., et au S. O. jusque par 3° N.; ils reviennent ensuite au S. E., pour recommencer à varier au S. et au S. O., où ils se fixent par 4° N.

L'Amphitrite, avril 1817, rencontre les vents généraux par

8° 4' de lat. S.,
78° 00' de long. E.

Depuis le parallèle de 5° S., les vents avaient tourné successivement de l'O. et l'O. N. O. au S. O., au S. S. O., au S. et au S. S. E.

Journal du vaisseau *le Marengo,* qui a fait plusieurs voyages de l'île Maurice aux mers de l'Inde.

Mousson du N. O.

Astrolabe, page 99. — Voyage des capitaines Portlock et Dixon, 1785, 1786, 1787 et 1788.—*Mers de l'Inde.* Appendice, pages xxxii, xxxiii, xxxv.

Lapérouse, page 347. Grand Océan.

1779. — *Cook,* pages 516, 517.

Horsburg, page 153. — Lorsqu'en octobre ou novembre on arrivera par 3° ou 4° N., on rencontrera probablement des vents de N.

Page 156. — Le 29 février 1800, *l'Anna* rencontra sur l'équateur des vents variables du N. N. E. au N. N. O., par 68° de long. E.

Mers de Java, page 139. — De septembre en mars, les vents de N. O. à l'O. règnent entre la limite des vents généraux et l'équateur. — Page 140. Mais ils varient souvent de l'O. vers le N. N. O., près d'Engano et à l'entrée du détroit de la Sonde.

John Méarès, 1788. — Table VI, février et mars; long. de 126° à 134° E.

Vents variables de la zone torride à l'occident des côtes d'Afrique.

Astrolabe, pages 19, 141.

Lapérouse, tom. III, page 271.

Laplace, tom. VI, page 358.

Bougainville, tom. II, page 109, *Observations météorologiques.*

Duperrey, pages 10° et 127°, *Observations météorologiques.*

La Bonite, page 33, mars 1836. — Les vents alisés joignent les vents généraux, par 22° de longitude, presque sur l'équateur.

La Moselle, 1821, juin. Journal n° 9.

L'Amphitrite, 1816, juin. Journal n° 2.

Vents variables de la zone torride à l'occident des côtes d'Amérique.

1836. — *La Bonite*, pages 201, 202, 203, etc., 219, 220, 221, 222, 223, 224, 225, 226, comme les moussons de S. O. dans les mers de l'Inde.

1795. — Vancouver, page 383 ; par 6° N. de lat. 91° O. de long., vents de N. tournant au N. O.

Du 17 au 20 janvier, par 5° 20' N., vents de S. variables au S. O.

26 janvier, vents de S. O. à l'île des Cocos.

Brises variables du S. ¼ S. O. au S. E.

Lat. 20° 35'.

8 février, vents frais du S. S. O. à l'équateur.
9 *idem*, brise du S. qui varie au S. E.

Lat. 0° 44' S.
Long. 92° O.

Basil-Hall, appendice XXIX. — Vents du S. au S. S. E. de Guyaquil aux Galapagos.

De San-Blas au cap Horn :

Les brises d'O. et de S. O. sur les côtes de la Californie.

Juillet. — De 8° 30' N. à 3° 30' N., vents de S., long. 105° O.

Par 3° 30' N., vents alisés, qui dépendent d'abord du S. ; font couper la ligne par 110° 30' O.

La corvette *la Bonite*. — Le 16 août, de Guyaquil aux îles Sandwich : vents du S. S. E. au S. jusque par

2° 39' de lat. N.,
94° 18' de long. O.

Ensuite vents de S. au S. S. O. jusque par
6° 57' de lat. N.,
105° 25' de long. O.

Vents du S. S. O. à l'O. jusque par
8° de lat. N.,
105° 57' de long. O.

Du 25 août au 31, brises très-variables et faibles de toutes les directions, excepté de l'E.

Le 31 août, par

11° 15′ de lat. N.,
109° 22′ de long. O.,

on trouve les vents alisés du N. E. à l'E. N. E.

Le 4 septembre, ces vents tournent à l'E. S. E., au S. et au S. S. O. par

12° 6′ de lat. N.,
115° de long. O.

Depuis le 4 septembre jusqu'au 12, les vents varient du S. O. à l'O. et à l'O. N. O.

Enfin, par 16° 51′ de lat. N.
et par 118° 16′ de long. O.

on rencontre les vents alisés qui conduisent jusqu'aux îles Sandwich.

NOTE E.

Sur les vents variables de la zone torride qui soufflent sur les continents.

Les vents variables de la zone torride du S. à l'O. qui soufflent sur les côtes du Malabar, parviennent dans le golfe du Bengale, en passant au-dessus des terres...
....
Nous savons que les vents du S. à l'O. qui soufflent sur les côtes occidentales d'Afrique se font ressentir à une assez grande distance, dans l'intérieur des terres, et il semblerait résulter, de quelques renseignements qui nous ont été donnés par M. Lefebvre, officier de marine, qui vient de faire un voyage en Abyssinie, que ces vents parviennent jusque dans les mers de l'Inde, en traversant toute la partie de l'Afrique comprise entre l'équateur et le parallèle de 10° à 12° N.

Il ne serait pas, du reste, étonnant que les vents variables de la zone torride se formassent, sur le continent d'Afrique, de la même manière qu'en pleine mer, car ils paraissent se former ainsi à une assez grande élévation, dans les montagnes mêmes des Cordilières. Nous allons citer les observations qui nous ont conduit à cette dernière supposition, mais nous devons dire, en même temps, qu'il convient de les vérifier avant d'admettre entièrement cette hypothèse.

Une personne qui a habité, pendant plusieurs années Santa-Fé de Bogota nous a assuré que, dans cette capitale de la Nouvelle-Grenade, il existait deux saisons également froides, l'une dans les mois de janvier et février, avec les vents de N., l'autre dans les mois de juillet et d'août, avec les vents de S.

Comme cette ville est située par 4° 36′ de latitude boréale, il n'est pas étonnant que les vents de N. y soient froids ; mais, pour que les vents de S. y produisent le même effet, il faut nécessairement que les vents alisés du S., qui acquièrent leur plus grande intensité pendant les mois de juillet et août, se rapprochent de l'équateur, ou même le dépassent; il faut ensuite qu'ils tournent au S. S. E. et au S., en conservant la fraîcheur des vents alisés, comme cela arrive dans les mers libres. Un fait qui vient à l'appui de cette supposition, c'est que, pendant ces deux mois, des vents du S. à l'O., très-chauds, règnent sur la partie septentrionale de la terre ferme.

Ces vents soufflent aussi sur les côtes, et parviennent jusque sur le parallèle de 13° N., quelquefois même au delà.

Il est à remarquer que, dans plusieurs localités de la côte ferme, les vents du S. à l'O. soufflent de la terre, où la température est très-élevée, vers la mer où la chaleur est moins considérable. Pour que cet effet, qui est contraire aux principes de physique, puisse avoir lieu, il faut nécessairement que ces vents proviennent de l'impulsion donnée à l'atmosphère par des courants d'air d'une grande étendue et d'une assez forte intensité; ce qui nous fait penser que les vents du S. à l'O., qui soufflent depuis Santa-Fé de Bogota jusque sur le parallèle de 13° N. sont les contre-courants des vents alisés du S., qui parviennent sur les montagnes les plus élevées de la chaîne des Cordilières, de même que les vents du S. à l'O., qui soufflent des côtes d'Arabie vers celles du Malabar, sont les contre-courants des vents alisés du S. qui soufflent dans la partie S. des mers de l'Inde.

NOTE F.

—

Vents tropicaux, hémisphère austral.

Uranie, capitaine Freycinet. — De Rio-Janeiro au cap de Bonne-Espérance ; — du cap de Bonne-Espérance à l'Ile-de-France ; — de l'Ile-de-France à la baie des Chiens-Marins, Nouvelle-Hollande.

Voyage de M. Freycinet. — De Ténériffe à Rio-Janeiro, p. 56, 57, 58, 59, 60, 61, 62, 63 et 64 ; — du port Jackson à la baie Française, Malouines, p. 87, 88, 89, 90 et 91 ; — de la baie Française à Monté-Vidéo et à Rio-Janeiro, p. 92 et 93 ; — de Rio-Janeiro en France, p. 94.

Astrolabe. — De la Praya à la Nouvelle-Hollande, p. 21, 22, 23, 24, 25, 26, 27, 29 ; — de la Nouvelle-Hollande à la Nouvelle-Zélande, p. 40, 41, 42 et 43 ; — de la baie des Iles à Touyatabou, p. 50, 51, 53 ; — de Touyatabou au havre Carteret, p. 59 ; — d'Amboine à Hobart-Town, p. 83, 85 ; — de Hobart-Town à Vanikoro, p. 89 et 91.

Lapérouse, p. 273, 274, 285, 351.

La Neva, russe, capitaine Urey-Lisiantig, p. 346.

D'Entrecasteaux, p. 526, 528, 530, 532, 542.

Laplace, p. 358, 362, 434, 442, 450, 454.

1824. — Bougainville, tom. II, p. 111, 137, 139, 145, 147, 157.

1773. — Cook, tom. IV, p. 230.

1777. — Cook, tom. IV, p. 486.

1822. — Duperrey, p. 13, 25, 117.

1436. — *La Bonite,* p. 3, 44, 45 (69, 70, 71), (108, 109, 110, 111), 120.

Vents tropicaux, hémisphère boréal, grand Océan.

Lapérouse, tom. III, p. 291, 305, 307, 309, 311, 315, par 18° N. 117° E. ; — côtes du Japon ou de Chine, p. 327, 333, 335, 345, par 24° 30'.

La Neva, Russie, 362, 371, 381 ; — Portlock et Dixon, 1785, 1786, etc., appendice, p. XVI, XX.

La Bonite, capitaine Freycinet, 1836, p. 276, 277, 778, 279, 281.

TABLE DES MATIÈRES.